老了不求人

智能手机自学指南

张晓杨／著　　黄山／插图

人民东方出版传媒

东方出版社

数字鸿沟对面的老人

2007 年年初，第一代智能手机出现，仅仅十五年的时间，智能手机的应用场景已经无处不在。

人们在手机上购物、挂号、打车、阅读、娱乐、打游戏……几乎没有一件事情可以离开手机，手机带给整个社会极大的便利，但是我们在享受时代红利、科技红利的同时，有大量老年人因为不会使用智能手机而倍感不便。

近一两年，我们从媒体上看到层出不穷的报道：

有的老人因不会扫健康码，进不了自己家的小区、坐不了地铁、乘不了长途车；有的老人，因不会扫码，乘坐公交时被整车的人催促下车；有的老人，只因不会网上挂号，明明身体状态还不错，却不能独自看病；有冒雨来交医保的老人因为不会使用移动支付而被拒绝；有瘫痪的老人在需要办理银行业务的时候，被子女抬到现场进行"人脸识别"……

老年人和迅速发展的互联网科技之间的矛盾极大降低了老年人

的幸福指数。"人物"公众号曾发表一篇爆款文章叫作《外卖骑手，困在系统里》，而老年人却成为"被数字鸿沟隔离的群体"，时代列车以科技为新动力能源，猛踩一脚油门，本来以为可以放慢脚步享受黄昏的老人们，突然就被时代抛弃了。

我们在网上可以查到很多使用智能手机的攻略，也有一些公众号在教老人使用手机，但是普遍字号过小、描述过于术语化，另外这里存在一个悖论，如果老人拥有这样的搜索和对智能产品的理解能力，使用智能手机就不是问题了。

我们在做社会调查的时候，老人们普遍反映，由于子女们工作生活忙碌、耐心欠缺，所以不愿让子女来教，更多时候即使学会了过段时间不使用，也很快就会忘记。

图书是老人们熟悉的一种媒介载体，便于老人们理解，图书的形式也方便老人们多次阅读、查找、互相讨论。

经过与几十名 60 岁到 78 岁的老人们的沟通，我们设定图书的主体内容以创设场景＋操作示意图的形式呈现，还附有操作步骤的视频，扫码即可观看。本书的内容分为三部分：第一部分是 WiFi、APP 等名词解释和上网、扫健康码等基础使用功能；第二部分是购物、打车、听书、挂号等"进阶"的功能；第三部分是一些关于利用手机和互联网进行诈骗的典型案例。由于我们的能力有限，手机的品牌众多，操作系统也不一样，所以本次图书以华为手机和安卓操作系统为例，如有不妥之处，欢迎读者们指出，我们再修订时改正。

令人欣喜的是，就在我们编写这本手机使用指南期间，国务院印发了《关于切实解决老年人运用智能技术困难实施方案的通知》，号召全社会、各行业共同关注这个问题，让老年群体共享信息化、智能化发展的成果。

作为出版人，关注社会民生是我们的责任；响应党和国家的号召、服务公益事业是我们责无旁贷的使命。

责任编辑　薛晴

2021 年 2 月 5 日

楔　子

　　故事发生在北京市东城区的一个小区里。主人公陈建国伯伯是一位某三线城市的退休老干部，今年 71 岁。老伴王慧今年 69 岁，退休前是市医院护士长。

　　他们年轻的时候忙工作、忙孩子、忙着照顾老人，虽然忙碌但生活也算充实。退休以后老两口到处游山玩水，看望老朋友老同学，就连国外都去过两三回，晚年生活非常快乐。

　　前年，在北京工作的女儿在小区里租了套房子，把他们接到身边，一是为了团聚，二是外孙女甜甜马上小升初了，功课紧，小外孙也要上幼儿园了，老两口住在附近可以帮忙接送，减轻一下女儿女婿的负担。

　　老两口的退休生活本来挺充实，挺顺心，可是自从有了新冠肺炎疫情，他们感觉生活中多了很多麻烦事，其实这许许多多的麻烦事，说到底都来自一件事，不会使用智能手机。

新冠疫情期间，健康安全是重中之重。所有人每天最重要的一件事是进出小区、地铁、超市都要扫健康码，陈伯伯和王阿姨的手机都是那种老年机，字大、声音大，平时就用来接打电话、发短信。虽然女儿多次提出给他们换手机，但是老两口都觉得没有必要。

陈伯伯是老党员，虽然不在工作岗位了，但是觉悟依然很高，看到情势需要，赶紧给自己和老伴换了智能手机，让女儿反反复复教了两三回才学会扫健康码。

渐渐的，老两口发现，他们生活中已经完全离不开智能手机了：

小孙子开学以后，每天交作业要在手机上打卡，有一次女儿女婿没赶回家，愣是没交上作业；

陈伯伯有天老胃病犯了，他们不想耽误女儿的工作，一大早到了医院，排了半天队，看旁边人家有会用手机的，直接在一个机器上挂号缴费，两分钟就搞定了；

小区团购的新鲜西瓜，要在群里接龙，陈伯伯没有入群，所以也没买上，再说他也不知道什么叫"接龙"；

有天出门忘记带公交卡，地铁站卖票的窗口没有工作人员，老两口眼瞅着别人用手机刷一下就进了站，或者在旁边的机器上买票，他们只能转回去拿公交卡。

这样的事发生的多了，老两口觉得不会使用智能手机实在是太不方便了。他们都是要强的人，年轻时在单位里也都是骨干，大半辈子遇到过多少困难啊，从没服过输，难道老了老了还能被个智能手机难住不成。有一天老两口说起这事，互相打气，一定要把这个智能手机学会。果然，功夫不负有心人，经过大半年的学习加实践，老两口熟练掌握了智能手机的大部分使用功能，生活变得更加便利，也更多姿多彩了。

这本书记录了陈伯伯、王阿姨如何对智能手机从"不懂""畏惧"到小区里出了名的智能手机"万事通"的全部过程。

我们把这个故事记录下来，展示给全国的老年朋友们看，是希望老年读者能够通过这本书，克服畏难情绪，学会使用智能手机的主要功能，让晚年生活更丰富。

目　录

第二章　进阶篇

第三章   防诈骗篇

第一章　基础篇

APP 是个什么东西

陈伯伯和王阿姨换了智能手机以后，一直等着女儿婷婷有时间过来教他们使用。这天中午，女儿带着一包吃的用的来了，陈伯伯赶紧说："婷婷，家里什么都有，你不用买东西，要是有时间，快教教我们用智能手机吧！"

婷婷为难地看看表："老爸，我马上要去出差，行李还没收拾，这样吧，你们自学几天，等我出差回来要是还没学会，我就来教你们，其实智能手机非常简单，就是传统手机＋电脑，学会了，在手机上什么都能做。"

老两口看着手机屏幕上花里胡哨的一堆小方块，不由得有些犯怵，陈伯伯说："我跟你妈上班那会儿，电脑只有单位里的专家才会用，就连打字员都是专门的岗位，我们现在这岁数了学电脑，这不是自找麻烦吗？"

王阿姨的性格比较要强，说："老陈，你看咱们小外孙才四岁，就会用手机了，我不信我还不如一个幼儿园的孩子。再说了，你忘了前一段没健康码出个门有多麻烦了吗？以后生活离不开手机，下决心学会了，干什么都方便了！"

婷婷表扬道："还是我妈觉悟高！"

王阿姨被女儿表扬了，有点小自豪："就是，谁会都不如自己会，求人多难啊，就连自己闺女，都推三阻四的。"

婷婷不好意思地笑起来："人家不是忙嘛！出差回来保证教你们，包教包会。"

王阿姨赶紧抓住女儿问了一个问题："我老听你们说 APP，啥是 APP 啊？"

婷婷说："王护士长这问题提得真好，智能手机可以实现很多工作、生活的功能。这些功能呢，都是通过 APP 来实现的。"

"APP，就是手机屏幕上的这些小方块，你可以叫它软件，也可以叫它程序，或者应用都可以。"

婷婷指着屏幕上的那些五颜六色的小方块，耐心地解释："每个 APP 都有一个自己的图标，下面是它的名称。图标的设计一般有两种思路：一种是以字为主，比如今日头条 ，它的图标里就是'头条'两个字。淘宝的图标就是一个'淘'字 ；另一种是以图为主，把它的功能形象化，为了让人更容易记住它，比如时钟 APP ，它的图标一般是一个表盘；中国工商银行的 APP ，它的图标就是银行本身的标志。"

"为了方便操作，APP 的界面在设计时一般遵循某些惯例，只要知道它们布局的规律，以后即使遇到新安装的 APP 也能快速找到门道啦。"

"打开一个 APP，看手机最下方，一般是几个图标，横着排成一排，这个叫作功能区（见文后示意图）。功能区最右方的图标一般都是一个半身的人，写着'我的'两个字，它就相当于您在这

个 APP 里的自家地盘。点开
这个图标，对应的就是账号相
关的个人信息。功能区最左方
一般是'首页'，好多功能和
内容都可以在这里找到。

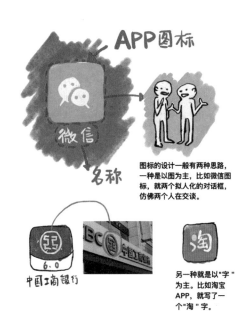

图标的设计一般有两种思路，
一种是以图为主，比如微信图
标，就两个拟人化的对话框，
仿佛两个人在交谈。

另一种就是以"字"
为主。比如淘宝
APP，就写了一
个"淘"字。

"手机 APP 的最上方，一
般有一个方框，边上还有个放
大镜的图标Q，这个就是搜索
区（见文后示意图），当有什么
功能不知道在哪找时，可以试
一试。"

王阿姨问："每个 APP 都一样吗？"

婷婷给她点开了几个 APP，果然，最上方的搜索栏和最下方的
功能区基本上都大同小异。

婷婷接着说："要想使用 APP，就要有账户，账户就是用来确
认您在这个 APP 上的身份，储存您在这个 APP 的使用数据。怎么
下载 APP，怎么注册账户，怎么使用 APP，等我出差回来再教给
您。我得走啦，再不走赶不上飞机了。"

APP 首界面的示意图

APP 的搜索区一般位于顶部

顶部分类区

打开一个 APP, 功能区一般
位于底部

如何下载、注册、登录、使用 APP

到了晚上，本来说好出差的婷婷又出现了，王阿姨奇怪地问："你不是出差了吗？"

婷婷说："别提了，我要去的地方临时变成了中风险地区，领导说也不是什么特别急的事，过几天再说吧，我就把票退了。"

陈伯伯说："安全第一，领导做得对。"

婷婷说："正好，我可以继续教您和我爸用 APP，下午讲了一半就走了。"

"来来来，先吃水果。"陈伯伯不声不响已经切了一盘水果给女儿。

婷婷一边吃水果一边继续说："下午说到了下载软件，下载，就是把网上的东西保存到手机上。

我们一般说下载有这样几种情况，第一种是下载 APP，您可以想象有个专门卖 APP 的市场，里面有各种各样功能的 APP 在卖，有的收钱有的不收钱，你要把它们从商店下载到你的手机里，才能使用。

第二种是下载文字和图片，比如我们在聊天的时候，看到哪张图片有意思，或者看到哪段话想保存，就把它们下载到手机上，可以随时用。

第三种是下载视频或者音频。比如在家里用 WiFi 在爱奇艺上下载一部电影，出去玩的时候路上就可以看了。不然用流量看视频可是很贵的。我有个朋友的老爸就是因为在外面用流量看了一天电影，花了 200 多呢。"

王阿姨大吃一惊："老陈，那你可得注意这个事。"陈伯伯不高兴地说："为什么是我，你更糊涂。"

婷婷说："老爸老妈别打岔！咱们今天先讲下载 APP。"

王阿姨努力跟上女儿思路："先教微信吧，我看这个用得最多了。"

婷婷点开"应用市场"，"看，这就是那个市场，您要找什么 APP 就要到这里找。在最上方的搜索框里，输入要下载的 APP 的名字，如'微信'，点击右侧的'安装'，就能下载。"

"这个图标就是微信。绿色的，有两个气泡，像是两个人在聊天。微信是一个社交软件，也就是说，用来跟人取得联系是这个软件的基本功能。"

"下载了微信之后，要注册个账号，给自己起一个网名昵称，老妈打算起一个什么昵称呢？"婷婷开玩笑："'最美护士长'咋样？"

王阿姨赶紧摇头："不要不要，我都退休那么多年了，还提那个干吗？就叫'似水流年'吧。时间过得飞快，年轻的时候盼着你快点长大，现在又盼着好日子慢一点。"

婷婷说："好的，那爸爸呢？"

陈伯伯想都不想："昵称？什么昵称，大丈夫坐不改姓行不更名，我就叫我的名字陈建国。"

婷婷哈哈笑起来："我老爸真是直男啊。"

"接下来我们选择所在的国家/地区，输入手机号，并设置一个密码，密码需要是字母和数字结合的，有的要求六位数，有的要求八位数，您最好把所有APP的登录密码都设成同样的，这样不会忘记。"

王阿姨想了想，在手机上输入了密码。

婷婷接着说："最后再点击'我已阅读并同意《软件许可及服务协议》'前的小圈，就算注册成功了！这时候点击登录就能使用了。"

婷婷说完就打开自己的微信，在"微信"界面的右上角，点击了加号图标⊕，再点击"扫一扫"，然后让王阿姨点开微信中的

扫描二维码
观看操作视频

"我",点击界面上方微信号右侧的箭头,再点开"我的二维码",就出现了微信的二维码。

婷婷用微信扫了王阿姨的二维码,再点击"确认添加好友",两人就这样互加了好友。

然后婷婷给全家人建了个群,群名叫"姥姥姥爷的幸福生活"。

注:如果按照文中说明无法完成下载、注册、登录 APP,可以继续看后面几页的详细步骤截图,也可以扫描二维码查看步骤。之后文中提及的 APP 下载,也可按照本文中介绍的步骤进行下载使用。

如何下载、注册、登录 APP 的示意图

① 点击应用市场

② 在搜索区搜索"微信"，点击"安装"

③ 下载完成后，您的手机上
就会出现微信 APP，接下
来打开 APP，注册账号

④ 点击"注册"

⑤ 按照要求在注册界面填写个人信息，填写完成后需授权微信的权限管理，选好后点击"确定"

⑥ 接着要进行"安全验证"，点击"开始"

⑦ 用手指拖动框内滑块，完
成拼图

⑧ 点击"发送短信"进行
认证

⑨ 在短信中输入"ZC45"，再点击发送

新建信息

收件人：10690700367

zc45

⑩ 发送成功后，点击"已发送短信，下一步"。这样就完成了注册

发送短信验证

①请使用手机号码 ■■ ■■ ■■■

发送 zc45

到 10690700367

②发送短信后请回到本界面继续下一步

发送短信

已发送短信，下一步

如何添加微信好友的示意图

① 登上微信，进到"我"界面，再点击微信号右侧的箭头，就会进入"个人信息"界面

② 点击"二维码名片"，就出现您的微信二维码了。请对方扫您的二维码

③ 接着您会收到一条"××
请求添加你为朋友"的通
知，点击查看

④ 确认对方信息无误后，点
击"接受"

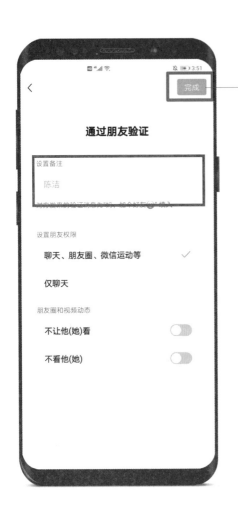

⑤ 在"通过朋友验证"界面，可以给朋友设置备注，方便以后找到，最后点击"完成"

⑥ 您会在微信首页看到好友的微信

如何使用微信交流

1. 微信聊天与群聊

2020 年在沉寂了一个冬天加一个春天之后，小区迎来了迟到的热闹。小区居委会的活动室终于开放了，舞蹈队的阿姨们也开始了今年的第一次集体活动。

虽然跳舞时大家都戴着口罩，呼吸不太顺畅，几个月不跳舞，动作也生疏了许多，偶尔还集体忘了动作，但大家跳得很认真，也很开心。

王阿姨经常来看大家跳舞，心里也痒痒的，但是觉得自己老胳膊老腿的，跳得不好看，不好意思加入进去。正好，舞蹈队有一位季阿姨认识她，冲她打了声招呼，并给大家介绍："这是我一层楼的王姐，甜甜和唐唐的姥姥。"

因为很多老人觉得跳舞很难，所以小区舞蹈队人并不多，大家发现王阿姨对舞蹈有兴趣，于是七嘴八舌发出邀请："小王啊，你要不要也来跳舞？每天花点时间跳跳舞，锻炼锻炼身体。"

王阿姨笑成一朵花，连忙摆手："我都 69 岁了，还小王呢！我可不行，身体都是僵的，跳起来丑死了。"

说话的大姐拍拍胸脯说："'60 后'在我们这里算年轻的，我都

72 岁了，别怕别怕，我以前身体也很僵硬的，连最简单的动作都做不好。跳着跳着就好了。"

"真的呀?"王阿姨有点心动了:"那我也来试试，你们是什么时候跳舞?"

"一般是每天的下午两点到三点半，不过最近活动室刚刚开放，时间不固定，我们有个微信群，一会儿我拉你进群，什么时候跳舞会提前通知的。"

王阿姨有点尴尬，最开始说话的季阿姨细心地问:"小王啊，你是微信不方便联系吗?"

王阿姨有些难为情:"我以前用的老年机，刚换的智能手机，我闺女刚帮我装上微信，我还不太会用。"

"没事，我帮你搞定，很简单的。"季阿姨看了看四周，指了指不远处的木椅:"走，我们去那里坐会儿，晒晒太阳，顺便教你怎么用。"

两人在椅子上坐下，太阳暖融融的，舒服极了，季阿姨拿过王阿姨的手机，说:"来，咱们先加好友。"

季阿姨说:"咱们现在是面对面，选择二维码加好友最方便，如果不见面，可以点开'添加朋友'，在'微信号 / 手机号'一栏中输入要加的朋友的手机号，搜索出来结果，确认无误后就可以添加对方做好友，然后等对方同意后就成为微信好友了。如果是对方主动加你，你可以在通讯录的'新的朋友'这里，找到对方加你好友的申请，确认无误后你只要点同意添加好友就可以了。"

"好了，我们现在可以聊天了。"季阿姨先给王阿姨发了一个笑脸，然后接着讲:"这个键盘的图标☺代表文字输入，这个小喇叭

�代表语音输入，右边的笑脸☺是表情，有时候发表情比打字更有意思。

"旁边这个加号图标⊕用处就更大了，点开加号后，你可以点击'相册'发送图片，点击'拍摄'直接拍照片发送给对方，点击'视频通话'与对方进行'视频通话'或'语音通话'，你还可以通过'位置'把自己的定位发在群里。当然，还有'红包'和'转账'，红包最多只能发 200，转账就没有金额的限制，最后是'我的收藏'，你可以把别人发给你的文章啊、视频啊，放入'我的收藏'中，以后要找起来就很方便了。"

王阿姨听得很认真，甚至还想记笔记，季阿姨赶忙止住了她："不用，都很简单，你只要多用很快就记住了，来，我先把你拉到群里，然后你把咱们群里阿姨的微信都加上，再跟每个人聊几句，你就啥都会了。"

季阿姨找到舞蹈队所在的"醉美舞蹈队"群，点开群右上方的三个点图标，找到群二维码，再让王阿姨用微信"扫一扫"自己的群二维码，王阿姨就顺利地加入了"醉美舞蹈队"群。季阿姨让王阿姨点击"群二维码"下方的"保存到通讯录"，说："万一找不到群，可以在微信首页搜索栏中输入群名搜索，还有，如果不想群里每条消息都通知，可以点开'消息免打扰'，也可以'置顶聊天'，这样群就会出现在微信的最上方，一眼就能看到。"

王阿姨犹豫了一下问："如果我想建群怎么建呢？我想给老家的亲戚建一个群，以前的老同事也建个群，以后联系方便。"

"简单!"季阿姨点开微信首页右上角的加号，第一个就是"发起群聊"，出现了王阿姨刚刚新加的几个好友，季阿姨指着那些好友说：
"你群里想加哪个人，就点击一下她微信前面的圆圈，再点击完成，
群就建成了。群建成后，你要拉其他好友入群，可以像我刚才一样把
群二维码给她扫一扫，也可以在群里点开右上方的三个点，再点击加
号，然后在通讯录中点击你想加的好友就可以了，如果你群里加错了
人，只要点击减号，把不要的人删除就可以了。"

季阿姨手把手教王阿姨加了几个好友，又建了一个群，王阿姨
很快就熟悉了微信的基本操作，并开始和她的好友聊天了，还约好
回家马上视频。

季阿姨看着王阿姨笑："我说不用记笔记吧，用几次就熟悉了，
其实挺简单的。"

王阿姨也笑："是没那么难，年纪大了就懒，不太愿意接受新
生事物，总觉得麻烦，仔细想想，就麻烦一下，以后可就方便多
了，再说，其实也没有那么麻烦，还挺有意思的。"

"就是就是"，季阿姨连连点头。

有些麻烦，其实是我们自己想象出来的。

2. 怎么发微信朋友圈

王阿姨学会微信聊天后，很是新鲜。

因为刚刚开始使用微信，也就家人几个好友，女儿女婿工作特
别忙，根本没时间和自己微信聊天，有时间聊的也就只有老伴了。
所以经常是两个人明明就在同一间屋子里，却用微信沟通。王阿姨
告诉老伴去买什么菜，用微信说；让老伴帮忙一起晒被子，用微信

说；甚至让老伴拿杯水，也用微信说。王阿姨倒是玩得开心，老伴却烦了，干脆躲出去了，而且经常不带手机。

好在王阿姨很快有了新的好友，小区舞蹈队的小伙伴们成功替代了老伴，成了王阿姨最热络的聊天对象，而且从来不嫌王阿姨烦。

有一次，跳舞中场休息，王阿姨看到最要好的季阿姨正在看手机，以为她在聊天，正要走开，季阿姨叫住了她："王阿姨，你看，宁老师教的另一个舞蹈队晒了她们新的演出服，真是好看，咱们什么时候也能有人请去演出，也有漂亮的演出服啊？"

王阿姨连忙凑了过去："你怎么知道她们有演出？哪里看到的？"

"宁老师的朋友圈啊"，季阿姨有些奇怪："你也能看到，我记得你加了宁老师好友啊。"

"我是加了宁老师好友，但朋友圈是什么?"王阿姨还真不知道什么是朋友圈，是哪里的朋友圈。

"就是微信的朋友圈啊——"季阿姨很热情地拿过王阿姨的手机："来，我教你看朋友圈。"说完打开王阿姨手机的微信，在首页点开"发现"，然后点开最上

面的"朋友圈",立刻出现了好几条消息,因为有好友名称和头像,王阿姨立刻就看出都是自己熟悉的好友,有些好友发的是文字＋图片,有的是文字＋视频,也有的是文字＋转发的文章,也有纯文字。季阿姨把屏幕往上滑,王阿姨很快看到了季阿姨刚才说的宁老师发的消息,文字很简单,"新征程 新开始",还配了一张他带的另外一个舞蹈队队员的照片,王阿姨点开图细看,大红色的演出服,领口还点缀着很漂亮的刺绣,每个人都神采飞扬,笑颜如花,看得人眼前一亮。

王阿姨看见图的下面有季阿姨的评论:"祝宁老师演出成功",王阿姨指着评论:"我也想祝宁老师演出成功,怎么写呢?"

季阿姨点开图片下面的两个点,指着第一个图标"赞"说道:"点这个图标就是点赞,点完后,在图片的下方就会出现一颗心和你的微信名。第二个图标是'评论',点开后你就可以输入文字,写下你想说的话,在旁边这个笑脸是各种各样的表情,你可以在文字中加上表情,也可以只发表情,编辑好内容之后就直接点击'发送'就可以了。"

王阿姨想了想,点开评论后写上"宁老师好漂亮",然后加上一张笑脸,最后点击发送,但几乎同时,王阿姨发现自己居然把笑脸打成了愤怒的表情,不由哎呀了一声,有些着急地看着季阿姨:"季阿姨,我发错表情了,咋办啊,能撤回来吗?"

"没问题,可以撤回的。"季阿姨不慌不忙,点开王阿姨刚发送的评论,立刻出现了"复制"和"删除",不言而喻,点击"删除",王阿姨刚写的评论就消失了,然后王阿姨又重新写了评论再次发送。很快,王阿姨就看到了宁老师的回复:"谢谢王阿姨的赞美。"

王阿姨觉得很神奇，季阿姨告诉王阿姨："只要点开评论，就会出现输入框，写下回复的内容，点击发送就可以了。"

还真是挺简单的啊，季阿姨见王阿姨很感兴趣的样子，便怂恿她："你要不要也发一条朋友圈，很好玩的。"

"好啊，好啊。"王阿姨隐隐觉得人生似乎会有很多新乐趣，但是第一条朋友圈要发什么呢？她看着身边舞蹈队的小伙伴们，突然有了主意，招呼大家："要不咱们也拍张集体照，和宁老师的舞蹈队呼应一下？"

大概是被宁老师舞蹈队的照片刺激到了，队友们居然一致都说好，于是大家都聚拢起来，梅老师给大家设计了几个舞蹈造型，大家很认真地摆好姿势，然后请人连着拍了好几张照片。

照片出来后先选照片，然后是美颜，最后季阿姨便教王阿姨发朋友圈："还是在'发现'，点开'朋友圈'，然后点击页面右上角的'照相机'，会跳出'拍摄'、'从相册选择'和'取消'，这个意思很明显，可以直接现拍，也可以在相册中选择，不想发了就取消。咱们刚才已经将拍的照片放在相册了，那就点击'从相册选择'，在相册中选择你要的图片，记住最多只能选 9 张，然后点击完成，在'这一刻的想法'里输入你想写的文字，再点击'发表'就可以了。你还可以在这条消息下面选择'所在位置'、'提醒谁看'和'谁都可以看'。还有，如果你要发纯文字，不带照片的，只要长时间点击照相机的图标，就可以只发表文字了。"

王阿姨想了想，输入"眺望远方，我们也很美"，然后点击"发表"，王阿姨朋友圈的最上方立马就出现了这条消息和照片，然后是小姐妹们的一通点赞和评论，王阿姨忙着回复评论，大家忙得连舞都不跳了。

王阿姨好不容易回复完朋友圈，却发现宁老师又新发了一条消息，是一段舞蹈视频，配着文字"姐妹们，明天我们开始新舞蹈"。

季阿姨告诉王阿姨："像这种视频、文章也可以转发保存的，你点开视频，右上角有三个点，点开后会出现'发送给朋友'，你可以把视频发送给没有宁老师朋友圈的队员，也可以'分享到朋友圈'让你的好友都看到，还可以点击'收藏'把这段视频收藏起来，在'我'下面的'收藏'中可以找到。"

王阿姨从来不知道微信朋友圈还有这么多功能，就看刚刚这来来往往的朋友圈消息，自己以后的生活肯定是不会寂寞了。

季阿姨见王阿姨很感兴趣的样子，干脆又教了王阿姨一个新技能，用微信看短视频。还是点"发现"，再点"视频号"，点开后立刻出现了很多短视频。季阿姨告诉王阿姨："你可以上下滑动浏览这些短视频，如果觉得好，可以点击视频下方的'收藏'，也可以点击'转发'，转发给朋友或是分享到朋友圈，你还可以'点赞'，最后一个图标是'评论'，点击一下就能写评论，还能看到其他人的评论，当然这些不是你的好友，只是看过这个视频的人，你还可以给你喜欢的评论点赞。"

王阿姨看着一个又一个的短视频，觉得自己推开了一扇窗，更广阔的世界正在向自己敞开。

扫描二维码
观看添加微信好友
操作视频

扫描二维码
观看微信聊天
操作视频

扫描二维码
观看微信群
操作视频

扫描二维码
观看朋友圈
操作视频

如何添加微信好友示意图

① 第一种方法，点开加号，再点扫一扫，扫描对方的二维码

② 第二种方法，点开加号，然后点击"添加朋友"

③ 在出现的输入框中，输入对方的微信或手机号，接着按照手机提示操作就可以了

④ 如果是对方添加您，您可以在"通讯录"界面点击"新的朋友"，就能看到好友申请

如何微信聊天的示意图

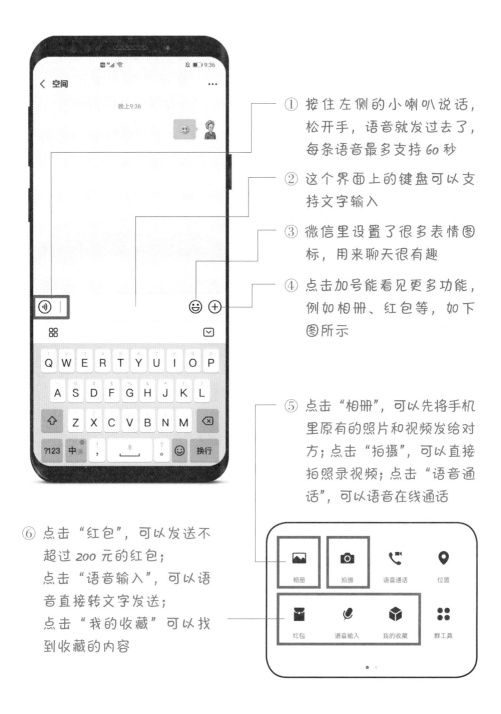

① 按住左侧的小喇叭说话，松开手，语音就发过去了，每条语音最多支持 60 秒

② 这个界面上的键盘可以支持文字输入

③ 微信里设置了很多表情图标，用来聊天很有趣

④ 点击加号能看见更多功能，例如相册、红包等，如下图所示

⑤ 点击"相册"，可以先将手机里原有的照片和视频发给对方；点击"拍摄"，可以直接拍照录视频；点击"语音通话"，可以语音在线通话

⑥ 点击"红包"，可以发送不超过 200 元的红包；
点击"语音输入"，可以语音直接转文字发送；
点击"我的收藏"可以找到收藏的内容

微信群功能示意图

① 进入群后，点击右上角的三个点

② 点击想加的那个朋友的头像，就能添加对方的微信

③ 点击"+"，可以邀请好友入群

④ 给微信群取名、改名

⑤ 将群二维码发送给朋友，对方扫描后可以加入群

⑥ 入群后，如果您觉得信息太多，打扰到您的日常生活，就点击"消息免打扰"

⑦ 如果您觉得这个群的信息对自己很重要，可以点击"置顶聊天"，把这个群置顶，这个群就可以一直停留在聊天列表靠前的位置

如何建微信群的示意图

① 点击加号，再点击"发起群聊"

② 选择要添加的好友，然后点击"完成"，微信群就建好

如何查看并评论微信朋友圈的示意图

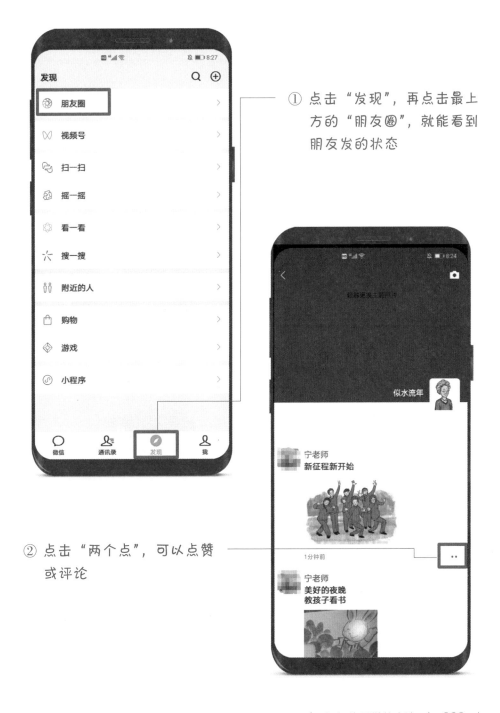

① 点击"发现",再点击最上方的"朋友圈",就能看到朋友发的状态

② 点击"两个点",可以点赞或评论

③ 点击"赞"或"评论",就
　能进行相应操作

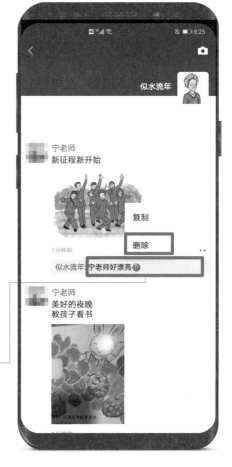

④ 如果评论写错了,先点一
　下评论,然后选择删除

⑤ 在朋友发的状态下，就能看到您的评论

⑥ 点击朋友发的视频或图片

⑦ 您可以发送给朋友，或者收藏、保存视频

如何发微信朋友圈的示意图

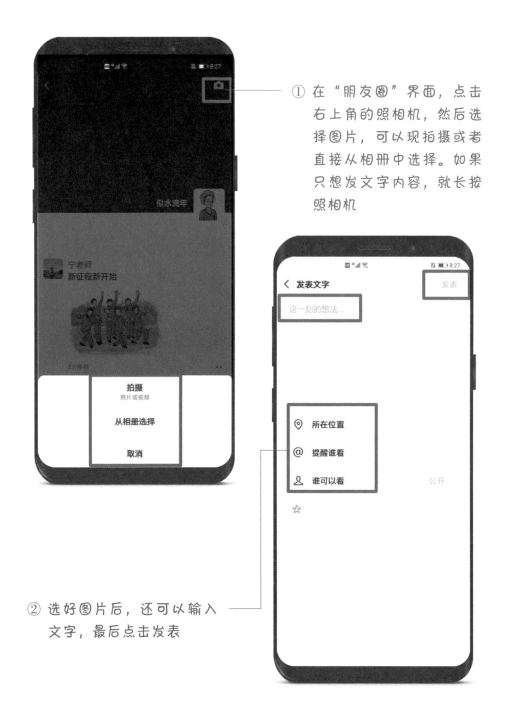

① 在"朋友圈"界面，点击右上角的照相机，然后选择图片，可以现拍摄或者直接从相册中选择。如果只想发文字内容，就长按照相机

② 选好图片后，还可以输入文字，最后点击发表

如何看微信短视频的示意图

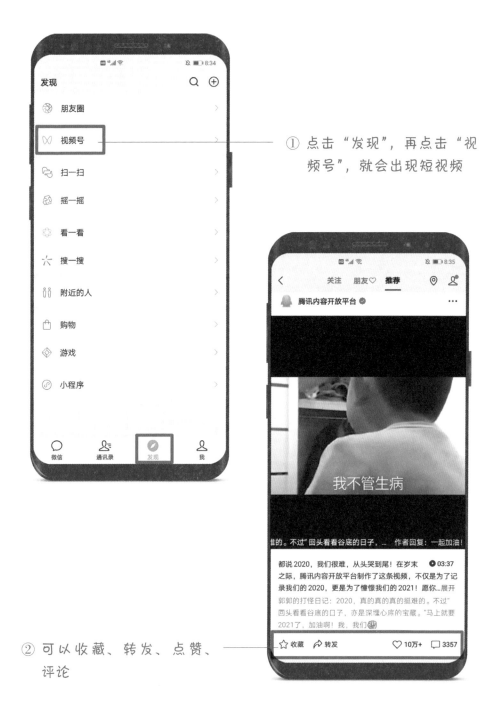

① 点击"发现",再点击"视频号",就会出现短视频

② 可以收藏、转发、点赞、评论

流量到底是什么

王阿姨最近有点不开心，她前些年还上班的时候，医院有很多小护士，什么时尚的东西她都知道。可是退休才几年，就发现自己已经有好多话听不懂了。

比如刚才在街上听到一个小伙子这样说，"好了，我的手机流量不够了，不跟你说了！"哦，流量是电话费吗？王阿姨刚刚觉得自己想明白了，公交车上遇到的两个小姑娘又让她糊涂了。

"哇塞，### 也太帅了，难怪是现在流量最大的明星。"王阿姨立刻又推翻了自己的想法。

在家也听女儿聊起工作："这个产品要找到合适的流量池……"

王阿姨努力地理解"流量"，可是她实在想不通这里面的关系，于是抓住刚上初一的外孙女甜甜，

姥姥，"流量"就像自来水一样！

追问她这个流量到底是个啥东西。

甜甜比她妈妈有耐心，给王阿姨解释说："就像电器需要有电才能使用一样，智能手机能够上网也需要一种叫作流量的东西，专业术语叫移动数据。流量可以保证你在没有 WiFi 的时候也可以上网。一般在手机套餐里会包含一定的流量，如果这个月用得多了，超出套餐的范围要额外扣费。"

王阿姨觉得很有道理，不过好像不能完全解释她的疑惑。还是小姑娘反应快，眼珠一转就明白了。

"姥姥，流量还有一些引申的意思，比如现在也被引申为关注度高、人气高的意思，当红明星也叫流量明星，或者说一个人或一件事情被广泛关注也叫流量大。

"流量池是互联网营销的一个概念，比如有一款卖给老人的产品，就要在老人多的网站或者地方去做广告、销售。这些引申的意思您就不用了解那么多了。"

终于弄明白了流量的意思，王阿姨心情非常好，岁数大了也不能跟社会脱节呀。

什么是 WiFi，怎么连接 WiFi

　　这天，王阿姨正在阳台晾衣服，突然听到有人敲门。陈伯伯不在家，王阿姨赶忙擦擦手，过去开门。一看是小区里一起跳舞的季阿姨，她连忙让季阿姨进来坐。

　　季阿姨说："昨天老家快递来的特产——微山湖咸鸭蛋，给你拿几个尝尝鲜。"

　　王阿姨很高兴，她是个爱热闹的人，可是北京的朋友少，季阿姨是头一个，鸭蛋不算什么稀罕东西，可是朋友惦记自己的心意还是很珍贵的。她给季阿姨沏茶倒水切水果一通忙活。

　　季阿姨坐下来先问："你家的 WiFi是哪个？我连一下。"

　　这一下把王阿姨问住了，她不好意思地说："这些都是孩子们弄的，我也不知道啊，我老听他们说 WiFi，也不知道啥意思。"

　　季阿姨笑着说："没关系，我以前也什么都不懂，但是有些事，不懂我

就问，问几遍就知道了，要不然总是跟社会脱节似的，其实咱们也没多老，也不是听不懂。"

王阿姨赞道："季大姐您说的对，我得向您学习。我先问问我女儿，我家的 WiFi 和密码是什么，您教给我怎么连接！"一边说一边给女儿发了微信语音。

季阿姨听王阿姨这么说更开心了，说："WiFi 就是无线网络的意思。智能手机连上 WiFi 上网就不用消耗手机的流量了，如果没有 WiFi，就得消耗流量，付流量费。"

"如果你的手机连上过一个地方的 WiFi，下次再去就可以直接连接。比如我这次连上你家里的 WiFi，下回来就不用再连了。"

"但是只有自己熟悉、信任的地方才可以连接 WiFi，公共场合的 WiFi 最好不要连接，以免连接到不安全的网络，造成不必要的损失。"

正说着，女儿婷婷的微信到了，告诉王阿姨家里的 WiFi 是她和老爸的名字的全拼，也就是全部的拼音，密码是婷婷的生日。

季阿姨一看，说："好的，有 WiFi 的名称和密码就可以连接了，来，我教给你。"说着，她打开自己的手机，找到"设置"，季阿姨说："你记住这个设置的图标，里面有很多功能，非常重要。"然后点开 WLAN 雷达标🛜，有一个可用 WLAN 列表。

季阿姨在列表里面找到婷婷所说的账号 chenjianguowanghui（陈建国、王慧的拼音），然后输入密码，点击连接。

"你看。"季阿姨指着手机左上方，那里出现了小雷达 📶 的形状，"出现这个雷达标记，就说明已经连接上 WiFi 了。WiFi 既稳定又不花钱，常去的地方，安全的地方，别怕麻烦，一定记得连接WiFi 啊。"

王阿姨连连点头，本来以为英文缩写会挺难理解，这么一解释，也挺简单的。

扫描二维码
观看操作视频

如何连接 WiFi 的示意图

① 在手机"设置"中找到 WLAN，点开它

② 在出现的 WLAN 列表中，找到自己想要连的 WiFi

③ 输入密码，然后点击
"连接"

④ 当手机上出现这个小雷达
图标，就说明WiFi已经连
接上了

如何使用小程序扫健康码

陈伯伯和王阿姨拿到新手机后，第一件事就是让婷婷帮忙安装上微信。这微信一开通，王阿姨和陈伯伯就发现手机的通讯录里有好多个人请求添加他们，有些是已经失去联系很久的老朋友、老同事。每个人加上以后，都要寒暄几句，这两天老两口忙得不亦乐乎。

过了两天，陈伯伯正吃着饭，突然想起了什么，说："老伴，咱们当时想要换手机，最重要的事是什么来着？"

王阿姨侧着头想了一会儿，一拍大腿说："健康码！你看看这记性，怎么把这事忘了。"

陈伯伯也直摇头："要么说老伴老伴呢，这脑子都一人一半，凑到一起才完整。"

其实女儿婷婷给他们装上微信以后，第一件事就是教给老爸老妈扫健康码，不过，几天没出小区门，俩人互相一问，都忘记了。岁数大了就是这样，过去的事情忘不掉，新学的却记不住。所以陈伯伯经常拿两人的记性开各种玩笑。

王阿姨被陈伯伯逗笑了："快吃吧，吃完了咱们再研究研究怎么扫那个健康码。"

吃完早饭，收拾厨房碗筷完毕，老两口拿着手机，找了半天也没找到应该在哪里扫健康码。

　　王阿姨说："对了，我们去问问小区门口的保安，他每天在门口，一定会用。"

　　说去就去，老两口戴上口罩，就出了门。远远看见保安亭那里有个桌子，每个经过的人都要扫一下。嗯，小保安看着就很灵气，肯定能教会。

　　果然，王阿姨提出要求以后，小保安一口答应下来。拿过王阿姨的手机，打开微信，手指往下一拉就出现了小程序的页面。

　　"阿姨，您看见这个搜索栏了吗？在里面输入北京健康宝五个字，然后点击搜索。"

　　"接着就会跳出一个'声明'，您点击确定。这时候就会出现您

的名字。这就说明您之前登录过，如果没有登录过的话，正常注册登录就行。"

"下面就很简单了，一共七栏，点击第四栏'本人信息扫码登记'，然后把手机对准这个二维码，健康宝显示'正常'，您就可以顺利通行了。"

陈伯伯和王阿姨连连表示这次记住了。小保安拍拍胸脯："爷爷奶奶，没事，你们要是忘了就来找我，我再教给您。我在家还教我娘呢，谁还没有个老的时候啊。"说得老两口心里暖乎乎的。

如何扫描健康码的示意图

① 先在微信中找到小程序,
有两种方法:第一种是在
微信的页面用手指下拉出
现小程序页面(如左图);
第二种是在"发现"中,
最后一栏就是"小程序"

② 在小程序的搜索栏中输入
"北京健康宝",然后搜索
框下方就会出现这个小程
序,点击一下

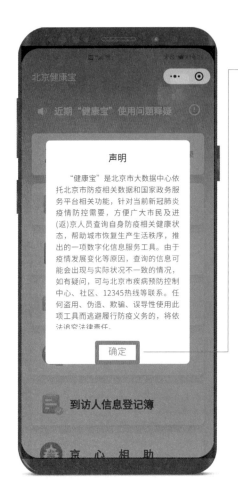

③ 首先会出现健康宝的"声明"，点击"确定"

④ 进入健康宝界面后，点击"请登录"，按照指引完成注册

⑤ 输入姓名、身份证号，脸
对准镜头完成人脸识别，
人脸识别的时候有时需要
按照提示做眨眼、转头等
动作

⑥ 进入健康宝后，有两个最
常使用的功能。一是功能
栏的第一栏"本人健康码
自查询"，可以查询自己
的健康情况；
二是第四栏"本人信息扫
码登记"，用于出入商场、
地铁、机关等场所，点击
一下，就可以扫描登记健
康码

如何关注微信公众号

自从学会使用微信后，王阿姨和陈伯伯沉浸在微信朋友圈不能自拔。他们每天看到全国各地的老朋友们发的很多文章，都觉得挺有启发的，比如《不得不说的惊天秘密》《不转不是中国人》《春季养生的三要三不要》《记住这十句话幸福一辈子》……

他们看到这样的文章，都会转发到全家人的群里，想跟女儿女婿讨论一下，通常女儿女婿都发个赞👍，就不再留言了。有一天，王阿姨看到一篇《疫情反复无常，家中粮食储备要跟上》的文章，里面鼓励大家去大量囤积粮食，于是赶紧第一时间转发到了群里。

老两口看到文章中分析的形势严峻，勾起了一些童年往事，就跑到超市，买了一大批米、面、挂面、盐、糖、蜡烛，足足拉了两小车回来……累得腰酸背痛，回到家看到手机上女儿在群里留言了，她定睛一看，居然写的是："妈，这是条假消息！国家已经辟谣了，别乱发了。"

在王阿姨的认知中，能被"印"成方块字的，都是可靠的消息，怎么还能有假消息公然传播呢？王阿姨看着厨房堆满了一地的"储备"，不知道该信谁的好。

晚上，女儿带着小外孙过来吃饭，王阿姨迫不及待地问："婷婷啊，给我讲讲怎么辨别假消息吧！还有我看你朋友圈里有时候发的文章都挺好的，那些文章都到哪里去找呢？"

婷婷说："妈，您问的问题特别好。我得先给您介绍一下什么叫自媒体。在互联网兴起之前，新闻媒体主要是通讯社、广播、电视、报纸几种机构，在我们国家，传统媒体有严格的行业自律和监管机制，真实性是新闻媒体最重要的原则。而在互联网时代呢，很多机构和个人都可以在网上注册账号，发表言论、发布作品。这就叫自媒体，就是个人或者公司自己的媒体的意思。"

王阿姨大吃一惊："谁都能做媒体，那不乱套了？"

婷婷说："自媒体只是一种说法，它不具备媒体的很多功能和权限，比如采访权，只有国家认证的新闻机构、拥有记者证的职业记者才有采访权。它们只是发表言论传播信息的渠道，国家也会有相应的法律法规来规范，还有一些技术手段也可以监控到一些假消息和不良言论。但是因为自媒体太多了，从业人员的素质良莠不齐，还是会有很多的谣言和虚假消息在网络上流传。作为读者，要学会从消息的发布渠道来验证消息的真伪，重要的新闻一定要看官方渠道和一些权威的自媒体。"

王阿姨说："那看来转发文章还真是得注意了，别被人愚弄，当了造谣者的帮凶，自己还不知道。对了闺女，你给我推荐几个好看的公众号吧，我们也需要看一些靠谱的内容啊。"

婷婷说："放心，我今天来就是干这事的。您以为我愿意每天看您转那些'不转不是中国人'的毒鸡汤和假消息吗？"

娘俩说着，一起拿出手机来，婷婷说："我先给您推荐两个健康方面的公号吧，一个偏西医的公众号'丁香医生'，一个中医的公众众号叫'正安中医'。"

"先点开微信，在搜索框里输入'丁香医生'然后点击搜索，就能搜到'丁香医生'的公众号，点一下公众号名字就进到它的首页，上面有五个字'关注公众号'，点击一下，就关注成功了，您会定时收到公众号推送的文章。您过一段时间如果觉得这个公众号确实不错，就点击右上角的三个点，选择'设为星标'，被设为星标后的公众号会在微信订阅号中排第一列，方便找到。"

王阿姨问："推送是什么意思？"

婷婷耐心地解释："推送的意思就是写了新文章发表出来。您在微信首页好友列表中的'订阅号信息'里能看到关注的公众号。"

王阿姨又问："那每天几点更新？"

婷婷笑着说："每个公众号更新的时间和周期都不一样，有的每天更新，有的隔天更新，也有每周更新的，还有不定时更新的，由公众号自己决定。"

王阿姨翻阅着丁香医生和正安中医的内容，看到熟悉的养生知识，不禁连连点头，"这个好，一看就是正正经经的搞学问的。"

婷婷说:"对了爸,您以前不是总看《人民日报》《三联生活周刊》《人物》杂志吗? 我给您推荐一下他们的公众号吧,《人民日报》《三联生活周刊》《人物》都分别有自己的同名公众号,每天都会更新,您以后可以在手机上看它们的文章了。"

　　陈伯伯来了精神头:"再给我推荐两个历史类的,还有打拳的有吗?"

　　婷婷说:"历史类的有一个特别有意思的,叫'混知',用漫画的方式讲历史,还有比较严肃的'国家人文历史',打拳的我给您搜一下视频号啊,看视频比较直观。"

扫描二维码
观看操作视频

　　经过婷婷推荐,老两口觉得如何关注微信公众号简直就是门学问,这里到处都是优质内容,当然了,也到处都是垃圾内容,学会了辨别,就再也不怕遇到假消息和毒鸡汤了。

如何关注公众号的示意图

① 在"通讯录"界面找到"公众号"的入口,点击一下

② 点击放大镜,会出现一个搜索框

③ 在搜索框中输入您想找的公众号名称或者关键词，搜索框下方就会出现相关的公众号，点击您想看的公众号名称，就能进入公众号主页

④ 如果喜欢某个公众号的内容，就可以点击"关注公众号"，以后就可以持续收到该公众号的推送

⑤ 点击右上角的三个点，再
点"设为星标"，该公众号
就可以在您的公众号列表
中置顶

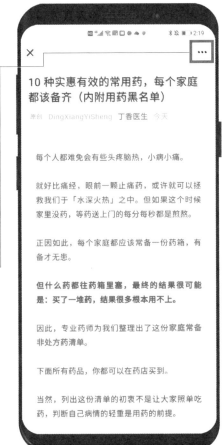

⑥ 想把某一篇文章转发给别
人，或者转发到朋友圈，
就点击三个点

⑦ 发送给朋友

⑧ 分享到朋友圈

⑨ 喜欢或者不喜欢都可以点击"在看"，也可以留下评论，您的好友可以在"看一看"里看到你的评论

⑩ 如果希望收藏这篇文章，可以点击收藏，然后在"微信—我—收藏"中找到您收藏的文章

以此图为例，也可以转发到微信群

不能上网了怎么办

王阿姨一早起来，不小心摔了一个杯子，嘴里一边念叨着"碎碎平安"，一边心里犯嘀咕："今天要注意。"陈伯伯一边在家里研究拳谱，一边说她，"老婆子迷信！"

王阿姨吃过早饭，收拾整齐，戴上眼镜，拿起刚摸出一点门道的手机，想看看季大姐有没有在群里发什么新消息，可是感觉今天手机屏幕好像跟平时有点不一样，研究了半天，王阿姨喊了起来："老陈，我的手机不能上网了！"

陈伯伯从拳谱上抬起眼睛看了看老伴："不要大惊小怪，女儿不是说了，有什么问题给她发微信。"

王阿姨被他气笑了："我的手机不能上网了，怎么发微信！"

陈伯伯也发现了自己的逻辑有问题，赶紧找补："对了，上次婷婷留了一张纸条，说有几种情况，可能上不了网，她就给写在纸上了。"说着去抽屉里翻出一张纸，上面写着，如果不能上网了：

1. 先检查一下 WiFi 还连着吗。如果没连，就先看一看家里的路由器的盒子是不是插着电源，上面的灯是不是都亮着。如果 WiFi 连着但上不了网，可以重启一下路由器，如果还是不行，就要通知我们或者找专业人士来修，此期间可以使用流量上网。

2. 使用流量上网要看看手机流量开了吗。点开设置，再点击移动网络，查看移动数据是不是处在开的状态，如果手机流量开着，可以使用流量上网，虽然会产生流量费，但可以保证正常使用。

3. 如果在地下室、电梯里、房间角落、偏远地区等，有可能因为信号不好导致无法上网。

陈伯伯赶紧按照第一条去检查了一下路由器，果然，路由器的电源打扫卫生的时候碰掉了，他重新插好电源，又重新启动了一下手机，信号又是满满的了。

扫描二维码
观看操作视频

王阿姨笑着说："女儿小时候马大哈似的，没想到长大了，自己当妈了这么贴心。"

如何使用移动数据上网的示意图

① 点开"设置"

② 点击"移动网络"

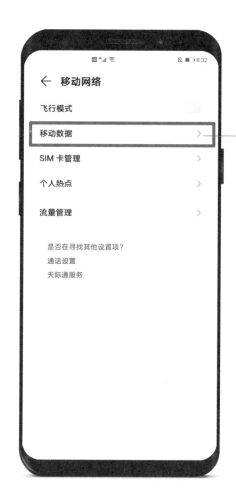

③ 点击"移动数据"

④ 将"移动数据"旁边的按钮
  滑到右侧，就可以使用移
  动网络了。但是切记要及
  时切换回WiFi状态，不然
  流量超出套餐范围，是要
  额外收费的

使用智能手机的注意事项

陈伯伯、王阿姨老两口最近因为手机已经生过两次气了。

第一次是王阿姨在看书，陈伯伯在旁边刷抖音，看了一条又一条，声音放得特别大，还伴随着他哈哈的大笑声。王阿姨忍了两天，还是提出了抗议。陈伯伯虽然嘴上答应，可是一不注意还是会放很大声。王阿姨跟女儿诉苦。还是女儿了解爸爸，先是在家庭群里发了一条地铁上不带耳机引起周围乘客不满的新闻，然后故意留言说，"哎呀，这个乘客太不文明了，高铁上看视频放那么大声音，多影响别人啊。"

陈伯伯一直以讲文明自诩，所以一看到不文明行为就赶紧关注一下，一看是这几天老伴一直唠叨自己的事，心里有数了，留言道："对呀，这是公共场合，也不是家里。"

王阿姨发现这样做，不但没起作用，反而给陈伯伯提供了反驳的"子弹"，于是火大起来，血压也上来了。陈伯伯一看老伴气得血压高了，就收敛了"气焰"，主动找出耳机，再也不提在家要享受自由了。

第二次是陈伯伯去买菜，给王阿姨发微信，问她家里还有没有肉馅，要不要买二斤回来包饺子。左等不回，右等不回，陈伯伯只好自作主张买了肉馅，路上拿出手机，结果发现，王阿姨没回微信，但是却给隔壁老张的朋友圈点了个赞。陈伯伯气呼呼地说："你要是不回我微信，我还以为你是没看到，可是你还给老张点了赞，那不是明摆着不想回我吗？有你这样的吗？"

王阿姨也觉得自己做错了，赶紧安抚老伴："哎呀，我脑子想着跟你回一句，结果一转头就忘了，看到朋友圈你的拳友发了张照片，里面有你，我就点了个赞。快别生气了。"

女儿知道了老爸老妈发生的事，笑着给他们总结了几条使用微信的"注意事项"。

"不要在朋友圈的评论区说一些隐私的话，如果有共同好友看到了容易引发事端；发错了信息，可以撤回，但是撤回之后最好解释一句，以免对方猜想；微信留言最好不要一直问'在吗'，这种问法

容易让人觉得有点紧张，另外容易耽误事，有什么事直接说就好了。还有一些在年轻人中比较认可的做法，比如呵呵、笑脸在年轻人的语言里是表示冷笑、不满的意思；聊天回复不要用一个字，好不如用好的，嗯不如用嗯嗯，哈哈不如哈哈哈哈哈有意思；等等"。

"老年人不一定要照做，但是知道一点儿可能会减少一些误会。"

陈伯伯和王阿姨觉得好新鲜，原来他们一直觉得很可爱的呵呵和笑脸是冷笑的意思，呵呵不如呵呵呵呵呵呵。

第二章 进阶篇

如何使用移动支付

王阿姨发现年纪大了，记性大不如从前，出去买东西随手将钱包往包里一扔，用的时候经常找不到，甚至有时候钱包就抓在手上，却在包里找了很久找不到，急出了一身冷汗。

有一次看到老姐妹熟练地使用手机埋单后，王阿姨决定要学习手机支付，并请来了小老师——自己上初中的外孙女甜甜。

甜甜早就要教王阿姨使用手机支付，不过之前被王阿姨断然拒绝了。王阿姨之所以拒绝，一是怕麻烦，怕学不会；二是怕手机支付不安全，哪有面对面真金白银交付安全呢？

见姥姥主动要求学习手机支付，甜甜可开心了，教得耐心又细致，她告诉姥姥："目前的手机支付主要有支付宝和微信，我看您已经会用微信了，我就先教您微信支付吧。"

甜甜让姥姥打开手机，点开微信，点开微信首页右下角的"我"，点开后出现"支付""收藏""相册""卡包""表情"五个选项。不用甜甜说，王阿姨也知道肯定是点"支付"，王阿姨看到最上面有"收付款"和"钱包"两个模块。

甜甜让姥姥点开"钱包"，告诉姥姥，"您在微信群里抢的红包，都会放在'钱包'的'零钱'里面，您买东西，给别人发红包、转账，都可以优先使用'零钱'。"甜甜又指了指"银行卡"告诉王阿姨："您也可以点开'银行卡'，按照步骤，关联您不经常使用而且余额不多的银行卡，那样您支付的时候就可以直接从关联的银行卡扣款，也可以把银行卡的钱转到'零钱'中。"

甜甜让姥姥点开账单，继续解释："姥姥您的每一笔收入和支出，都可以在账单中查询到，还可以根据月份统计你的收入和支出情况，还有支出对比、支出排行榜呢。"

"这么好啊，那我以后不用手写记账了。"王阿姨看着账单，不由地感慨世界变化太快。

王阿姨感慨之余，突然发现一个大问题："甜甜，你还没教我怎么手机支付呢？"

甜甜这才发现，自己说了这么多，最关键的居然忘记了，连忙把手机退回到收付款界面，指导姥姥点开收付款，手机马上出现了

一个二维码，甜甜指着二维码说："只要把这个二维码让商家扫一扫就可以了，商家扫过以后，会出现支付金额，您确认金额没问题，输入密码就可以手机支付了。"

"这么简单？"王阿姨觉得不可思议，如果这么简单，自己从前到底在抗拒什么呀？

"还可以更简单。"甜甜笑："我给您设一个指纹密码，以后连密码都不用输，只要大拇指按一下就可以支付了。"

"不过我去菜市场买菜的时候，看别人支付都是扫摊贩的二维码，那种怎么操作呢？"王阿姨又提出了新问题。

"姥姥观察得可真仔细。"甜甜先夸了一通姥姥，然后解释道："有些小商户，没有扫码的机器，他们不能扫您的二维码，就需要您扫他们的二维码进行支付。"

甜甜指导姥姥退出"支付"，重新回到微信主界面，不过这一次不是点击"我"，而是点开"发现"，找到"扫一扫"，然后点开。甜甜告诉姥姥："把手机对准要支付的店家的二维码，就会出现支付界面，然后输入要支付的金额，支付就可以啦。"

最后甜甜送上贴心提示："姥姥，您输入金额的时候一定仔细点儿，千万别输错了，我妈有一次就多输了一个零，还是人家商家发现的。"王阿姨啧啧："你妈从小就粗心大意的，还是我甜甜细心，随姥姥！对了，甜甜帮我把微信的字体调到最大。姥姥看得清楚了，就不会输错金额了。"

王阿姨一边说一边咧着嘴笑，原本以为手机支付很神秘、很复杂，原来这么简单啊，心里有些迫不及待，等会儿就拉着老伴去趟菜市场，实践一下刚学会的手机支付灵不灵。

扫描二维码
观看操作视频

如何使用微信支付的示意图

① 进入微信"我"的界面，点击"支付"

② 点击"钱包"

③ 一般情况，可以把少数日
常用的钱放在"零钱"中

④ 绑定银行卡

⑤ 点击"添加银行卡"，按提
示输入卡号等信息

⑥ 填写您的身份信息、银行卡信息

⑦ 输入手机号、获取验证码。输入完验证码后，就点击"下一步"

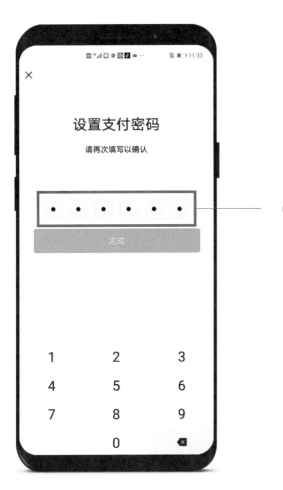

⑧ 最后一步，设置支付密码

用导航 APP 给自己带路

　　王阿姨这天很想去森林公园拍照，可是陈伯伯一早就出门去找老战友喝酒去了，对于自己这个连东南西北也搞不清楚的人，要怎么去森林公园呢？往年都是女儿开车带她去，不过女儿要周末才有空，而且女儿今年工作特别忙，王阿姨不想占用她难得的休息时间。

　　王阿姨想起自己的手机上有一个叫作"高德地图"的导航

APP，听说手机导航能给自己带路。王阿姨决定试试，应该不会很难吧？

　　王阿姨打开了"高德地图"，首页便看到了"查找地点、公交、地铁"，她试着输入"森林公园"，立刻出现了森林公园的详细信息，包括距你××公里、具体地址等，她又看到页面右下方有导航和线路两个选项，王阿姨先点开了"导航"，出现的是导航使用提示，很明显，这是给开车人使用的，王阿姨选择了取消，退出"导航"，然后选择"路线"，这次页面跳出了"打车""公交地铁""骑行""步行""飞机"等选项，因为知道森林公园离家不近，王阿姨就选择了"公交地铁"。

页面跳出了五条线路，还列明了到达时间和步行多少米。王阿姨综合考量后，选择了第三条线路，换乘两次地铁，所用时间虽然多了几分钟，但可以少走十分钟的路，正适合她这样有时间、有闲情的老人，哈哈。

王阿姨看完导航，心里有了底，打扮得美美的，便出发去森林公园，一路上都很顺利，不过在刚出地铁站的时候遇到了一点小麻烦——找不到方向了。王阿姨于是打开高德地图，再次输入"森林公园"，这次是选择"步行"，再点"开始导航"，便有声音指导如何到达目的地，最后，王阿姨顺利地到达了目的地。

北京的晴天真的很美，天又高又蓝，森林公园的空气格外好，王阿姨在公园里一口气逛了三个小时。回程的时候，她使用导航就比较熟练了。

这次独自出行，大大增加了王阿姨的自信心。王阿姨对女儿说，有些事情，其实没有想的那么难，手机越用越熟练，头脑越用越灵活。

扫描二维码
观看操作视频

如何使用高德地图的示意图

① 点击"高德地图"

② 点击"搜索框"

③ 输入目的地，点击"搜索"

④ 然后出现地图和基本信息

⑤ 如果开车的话，就点击
　"导航"，不开车就点击
　"路线"

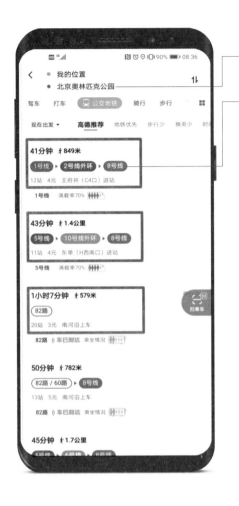

⑥ 选择出行方式，然后就会出现多个路线方案，上面会显示到达时间、步行多少米。根据您的需要选择相应的路线方案

⑦ 点开一个路线方案，您会看到具体的乘车站、换乘站、出站口等信息

用打车软件智慧出行

王阿姨望了望外面的天空，太阳打西边出来了？

老伴居然来问自己如何使用打车软件，明明就在几天前，自己主动教他的时候，他还梗着脖子、扯着嗓子吼："我出门就乘公交，既省钱又环保，用不上这打车软件。"气得自己跟他吵了一架。"你忘记前几个月不敢坐公交的时候了？不是说好了学着用手机吗？以后想学别问我！"

陈伯伯有些尴尬，不过还是期期艾艾说明了原因，原来陈伯伯的老战友来京旅游，陈伯伯一早就订好了全聚德的烤鸭，并约好去酒店接上老战友一起去吃烤鸭，可是从酒店到全聚德交通不便，且老战友腿脚不利索，那里又地处闹市，很难打到出租车，陈伯伯突然想起王阿姨之前说过，用打车软件叫车要容易很多，这才别别扭扭地来找王阿姨求援了。

就冲陈伯伯先前的态度，王阿姨根本不想搭理陈伯伯，不过知道陈伯伯和老战友的感情，最终到底软了下来，嘴里念念叨叨："你不是不想学嘛，哼！"却还是拿过陈伯伯的手机，飞快地下载了"滴滴出行"APP，开始手把手教陈伯伯使用软件。

页面首先跳出来的是是否同意法律条款及隐私政策，是否允许滴滴出行获取此设备的个人信息，陈伯伯习惯性地去点"不同意"，被王阿姨"啪"地打了一下手，王阿姨随手就点了"同意"，并白了陈伯伯一眼："平台获取了你的位置，才方便过来接你。"

陈伯伯刚还在嘟囔着信息安全，听了王阿姨的话，这才不作声，输入手机号注册登录后，手机上已经显示出"你将从××北门上车"，正是陈伯伯家小区的北门。

王阿姨指了指手机上的"输入你的目的地"，陈伯伯输入了老战友入住的酒店名称，手机页面立刻跳出了"快车""快的新出租""优享""礼橙专车"等多个选项，同时出现的还有预估价格和预估到达时间。

王阿姨又指了指左下角的"现在出发"，"点击这里，你可以选择用车的时间，提前预约，提高应答率。"

"还能提前预约啊？"陈伯伯真不知道软件打车还有这功能，王阿姨给了他一个少见多怪的表情，指着几个选项说："我看你还是选出租吧，选其他的你又要多事。"

"我怎么就多事了，

我能多什么事?"陈伯伯不服气。

"若来的是快车,不是专职的驾驶员,说不定你会嫌弃人家驾驶技术不到家。"王阿姨一针见血。

陈伯伯说不过王阿姨,连忙转移视线:"那我选好出租车,下一步就可以确认呼叫快的新出租了?"

"对。"王阿姨点点头:"然后等出租车快到了,你就去楼下等他,上车后选确认上车,到达目的地后,司机会发送订单给你,你确认金额没错,然后就点付款,这你总会吧?"

"怎么可能不会?你不要小瞧人,再说你也刚刚学会,神气什么?"陈伯伯觉得自己已经学会了,嗓门也大了起来。

原来这就是用软件打车啊,听起来高级,使用起来真没有什么难的。陈伯伯想起之前那几次站在路边打不到车的情景,有些懊恼自己为什么不早一点学。

扫描二维码
观看操作视频

如何使用滴滴打车的示意图

① 下载"滴滴出行"APP

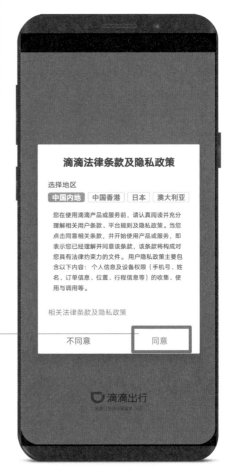

② 注册滴滴账号，首先同意
隐私条款

③ 授权 APP 权限管理，选好后点击"确定"

④ 输入手机号码注册，也可以使用微信直接登录，点击微信头像

⑤ 点击"同意"，同意软件获
取微信的相关信息

⑥ 绑定手机号

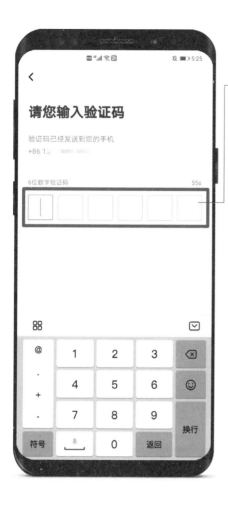

⑦ 这时，会有一个验证码发到手机短信里，您可以集中注意力记住验证码，也可以在验证码弹出的时候复制粘贴。

如果都做不到，还可以去短信里找到刚收到的验证码，回到此页面填写、确认

⑧ 可以进行身份验证，也可以选择"跳过此步"

⑨ 注册登录后，在输入框中，输入目的地

⑩ 在搜索标下方找到您要去的具体地点，点击一下

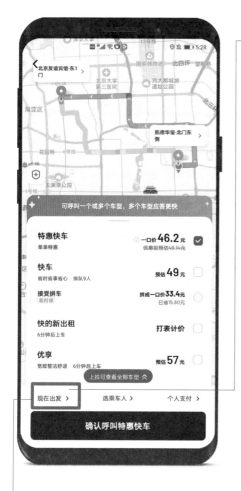

⑪ 软件会提供几种车型，价格各不相同，您可以在时间充裕的时候多了解一下，以便打到更合心意的车。可以选择一种呼叫，也可以同时多选几种

⑫ 点击"现在出发"，可以选择出发时间，选好后点击"确定"。接下来，如果有司机接到您的订单就会跟您联系来接您，您最好做好出行准备再约车，以免司机不方便停车，或者等待太久超时收费

用大众点评找到美食

陈伯伯偶尔在抖音看到一句话，夏天吃火锅是件很叛逆的事情。

陈伯伯年轻时在四川当兵，说起火锅，说起叛逆，都让他想起几十年前还是小伙子的那个自己。于是决定去吃一顿火锅，可是要去哪里吃火锅呢？他知道出了小区往东边走几百米有一个火锅店，但是好像前段时间关门了。而且难得"叛逆"一回，他想找一家好一点的火锅店，彻底解解馋。

王阿姨听了陈伯伯的想法，不但没有笑他，反而兴致颇高，主动拿出手机，给陈伯伯演示怎样找到一家理想的餐厅。

王阿姨打开了手机上的"大众点评"APP，在页面最上方搜索栏中输入"火锅"，然后点击搜索，页面一下子就跳出了好多火锅店，陈伯伯有点懵："这么多火锅店，选哪家啊？"

王阿姨指了指"商户—火锅"右边的箭头，很耐心地答道："点一下箭头，咱们先选一下区域，天气这么热，咱们也别走得太远了，就在附近几个区域找个地方，行不？"

陈伯伯有点不习惯王阿姨居然征求自己的意见，矜持了一下点了点头。王阿姨选择了家附近的区域，又点开了排序："咱们选'好评优先'，一般评分上了 4.5 分的店，应该就不错，当然还要看一下评价，如果评价数量很少，那这个评分参考意义就不大，说明是新店或者去的人很少，如果评价数量多，且差评比较少的，这种店一般都还可以。"

王阿姨飞快地浏览了几家排名靠前的店，又逐一看了看评价，然后指着其中一家对陈伯伯说："这家好不好？评分很高，差评也主要说的是价格，口味、环境、服务、食材评分都很高，离家只有 900 米，走过去都不远，你觉得咋样？"

陈伯伯听到价格有些担心："不是说差评说的都是价格吗，会不会很贵啊？"

"上面写的人均 150，虽然这个人均有点水分，会偏低，但整体每人应该不会超过 200，偶尔奢侈一次，也没啥，而且你看"，王阿姨指了指页面上的"优惠"，点开给陈伯伯看："这里还有套

餐，价格打了 6.5 折，我看了看套餐的菜大部分都是你爱吃的，咱们去了就点这个套餐，店里的招牌菜都有了，不够再加两个菜。"

扫描二维码
观看操作视频

陈伯伯有些感动："老伴啊，你今天怎么这么有耐心。"

"唉，年轻时候不是工作、家庭负担太重吗？你看婷婷她们不也是天天火急火燎的。"王阿姨感慨地说："现在明白也不晚啊，不能光长岁数不长智慧啊。"

那天的火锅陈伯伯吃得特别过瘾。

如何使用大众点评找美食的示意图

① 下载并注册登录"大众点评"APP

② 在搜索栏中输入想要搜索的饭店名或者菜名

③ 例如，火锅、羊肉串、烤鸭等任意内容，输入完后点击"搜索"

④ 点击三角箭头，选择想去的区域

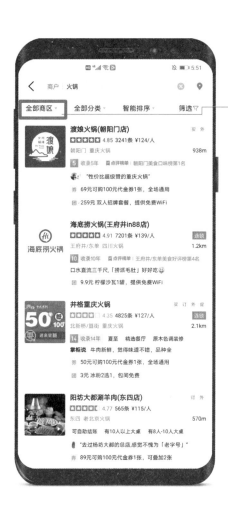

⑤ 点击"全部商区"

⑥ 您可以根据需求，选择心
目中的理想地点范围

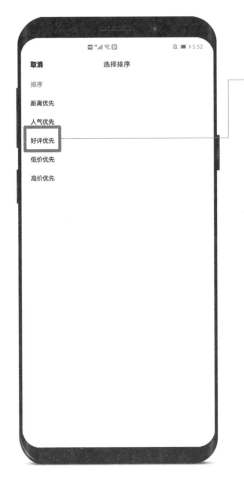

⑦ 平台有各种优先排序选择，
有距离优先、人气优先、
好评优先、价格优先……
您可以根据您更看重的条
件进行选择

⑧ 选定饭店后，一般店内都
会推荐一些优惠组合，也
可以自由点餐

如何使用手机拍出好看的照片

　　陈伯伯、王阿姨周末和老朋友一家去香山看红叶，当时玩得很开心，不过刚刚回到家里王阿姨就不开心了。

　　陈伯伯当然要问老伴为什么不开心，结果发现惹老伴不开心的居然是自己。

　　王阿姨指着一起去香山的朋友晒出的朋友圈："这是老吴给他老伴拍的照片。"又翻出陈伯伯刚刚发给她的照片："你再看看你拍的照片，要么是整张照片都是风景，人都要跌出镜头了，要么就是模模糊糊连脸都看不清楚，这张更好，把我拍成大头娃娃了，还有，我有这么胖吗？为什么你拍出来的每张照片，我都这么胖？"

　　陈伯伯在心中腹诽，其实你最近真的胖了很多，不过这话是绝对不敢说出口的。他只能随便找个理由："那不是人家的手机好吗，人家用的是最新款的华为，我这个破手机，拍出的照片自然比不上人家的。"

　　"技术不好别赖手机。"王阿姨笑着说："这样，甜甜的手机也是华为最新款的，周末我让她借给你用用，如果你能拍得出和人家一样好的照片，我就给你换个华为款新手机。"

　　陈伯伯眼睛一亮："说话算话？"

"君子一言，驷马难追。"王阿姨很痛快地和老伴击掌为证。

到了周末，陈伯伯早早地去了女儿家，趁着甜甜做完功课的间歇，把她手机借了过来，并把和王阿姨打赌的事告诉了甜甜，让甜甜教自己如何拍出好照片，而且答应甜甜，只要自己华为手机到手，就给甜甜买她想要的漫画书。甜甜立刻同意，成交。

陈伯伯先给甜甜看了自己拍的照片，甜甜笑弯了腰："难怪姥姥这么生气，您这照片拍得也太有问题了。"

"姥爷年轻的时候还给单位出过黑板报呢，不至于这么差吧？那你快教教姥爷吧。"陈伯伯也觉得不好意思。

甜甜点开照相机，指着页面下方的几个图标说道："华为手机有很多种拍摄模式，'大光圈''夜景''人像''拍照''录像''专业''更多'，这拍照学问太大了，姥爷您主要也就帮姥姥拍照，有些功能也用不上，我就教您几个最实用的。"

"咱们先讲'拍照'这个模式，点击'拍照'，页面上方就出现了几个功能分区，第一个'智慧视觉'不用管，第二个'AI智能大师'，这个能够帮我们自动识别拍摄对象，并自动切换到最适合的模式，所以这个功能很重要，第三个'闪光灯'只有在光线很差的时候才用得到，再旁边是'颜色模式'，华为手机的色彩本来就很艳丽，所以您给姥姥拍照用'莱卡标准'就可以了，如果拍风景照，又想把风景的色彩拍得艳丽一点，就选择'莱卡鲜艳'，如果是拍静止的东西或是特写，那就选择'莱卡柔和'。"

陈伯伯听得很仔细，还拿着笔记本将容易忘记的内容都记下来，甜甜见姥爷这么认真，教得更仔细了："最后一个是'设置'，可以调节相机的其他功能，这些设置姥爷您一般也用不上，就把这个参考线打开，可以利用这参考线摆正手机。"

说完"拍照"，甜甜又开始讲"大光圈"和"人像"模式："这'大光圈'模式就是可以把背景虚化，譬如姥姥在照片中央，把姥姥背后的背景虚化，突出姥姥这个人。姥爷您拍姥姥的时候，就用'人像'，这个模式有美颜功能，一般站在两米左右拍，太近了，就拍出大头照了，要是远了人就特别小，太模糊，看不清。"

"还有就是'夜景'模式，晚上拍照就用这个，这个功能手机基本都自动调整好了，您按下快门就可以了。"

"在'更多'模块里面，您可能会用上的有'黑白艺术'，直接可以拍出黑白照片，姥姥喜欢怀旧，这个您一定要试试。"

"还有'超级微距'，这个是近距离拍摄的，譬如您想拍一朵花的花蕊，就用这个模式。"

甜甜还想说"流光快门"，不过陈伯伯听说这技术很复杂，就连连摆手："下次再说吧，我先把你今天讲的内容消化一下。"

　　陈伯伯将甜甜讲的内容逐一演练了一遍，下午就借了甜甜的

扫描二维码
观看操作视频

手机，带着老伴去附近的公园拍照去了，拍的照片咋样甜甜不知道，不过下个礼拜姥爷来的时候，手上拿着新手机，还带来了自己想要的漫画书。

　　再后来，陈伯伯经常在王阿姨的朋友圈里看到自己拍的照片，还配上一句：感谢摄影师老陈。嗯，老伴还是那个老伴，但看上去确实好看了。

如何使用手机拍出好看照片的示意图

① 在手机上找到照相机并点击

② 尝试不同的模式，其中"拍照"和"录像"是最常用的

③ 点击"拍照"，屏幕上方会出现这样几个图标："智慧视觉"用来扫码；"AI智能大师"用于自动识别拍摄对象，选择合适的模式；"闪光灯"用于光线不足时补光；"颜色模式"用于选择色彩模式（见下图）；"设置"用于设置个性化需求

④ 点击"颜色模式"选择色调的鲜艳程度，不是越鲜艳越好，还要看拍摄的对象。最重要的是要有一双发现美的眼睛

如何使用淘宝购物

陈伯伯和拳友们外出比赛，铩羽而归。

原本以为至少能拿个名次，谁想到连名次的边儿也没沾到。比赛一回来，大家就总结经验，最后一致认为，大家的招式、气势都没有问题，主要输在了这兵器——太极剑上。

想想也是，人家那太极剑，招式一出，齐刷刷的，使出来的声音也好听，反观自己，剑的样式不一、长短不一、材质不一，给评委的第一印象就不好，输了比赛也很正常。

既然找到了问题，就要整改，重新购置太极剑，这重任很自然地落到了陈伯伯头上。因为太极队人人都知道，陈伯伯的老伴是个网购达人，眼光好，人又热心，这事不交给陈伯伯，交给谁？

陈伯伯暗骂自己嘴欠，没事干嘛要在拳友面前嘚瑟老伴网上给自己新买的衣服呢？这买太极剑可不是件简单的事情，这是小众商品，也不知道网上有没有卖，而且众口难调，这买太极剑的钱又都是自掏腰包的，贵了肯定不行，价廉物美，这可是世界上最难办的事情了。

陈伯伯只能求助老伴，姿态放得低低的，他可没忘了前几日还跟老伴犟嘴，网上的东西便宜没好货，这不，马上就打脸了。

王阿姨倒是没有为难陈伯伯，不过却不肯直接帮陈伯伯买，而是要教陈伯伯自己淘宝购物，陈伯伯嫌麻烦不肯学，王阿姨便说："你们这次是买太极剑，这只是开个头，以后服装、鞋子肯定也得配，麻烦事多了去了。我可不想一直给你们当后勤，又不发我工资。"

　　陈伯伯仔细一想，有道理啊，自己会了不求人，求女儿求老伴也不如自己会。于是硬着头皮一口答应下来。

　　王阿姨告诉陈伯伯，目前的购物平台有很多，不过陈伯伯购物少，用"淘宝"就可以了。王阿姨帮陈伯伯下载了"淘宝"，然后注册账号，注册完后又教陈伯伯输入"我的收货地址"，王阿姨输了自己家和女儿家的地址，将自己家的地址设置为"默认"，并告诉王伯伯："以后你买的东西，如果不修改地址，就是寄到咱家，如果想寄到甜甜家，就选择下面的地址，你也可以新增地址，寄到其他地方。"

　　做完准备工作，两人就正式开始购物，王阿姨在页面最上方的搜索框中输入"太极剑"，手机页面上立刻出现了很多太极剑，陈伯伯看得眼花缭乱，忍不住感叹："这么多太极剑啊，我原本还担心没得卖呢，可这多了也麻烦，怎么选啊？"

　　王阿姨指着"综合"点开后说："你可以按'综合''信用''价格降序''价格升序'进行排序，一般我都是按'综合'排序，选择排名靠前的商品，当然你也可以选择旁边的'销量'排序，一般销量排名靠前的商品，价格比较实惠，质量也还可以。"

　　陈伯伯一听价格实惠，连忙说："那就用销量排序。"

王阿姨点开了"销量排名"，这排名第一第二的太极剑只要十几块，陈伯伯摇头："这种是给小孩玩的，我们得选专业的。"说完又看了下一家，点点头："这家一百多，还差不多。"

王阿姨便点开了这家店铺，指着店铺旁的"综合体验"说："这家店铺五颗星，'宝贝描述''卖家服务''物流服务'都是4.9分，高于行业平均水平，应该还是不错的，你先看看有没有中意的商品，咱们再看看商品的评价。"

陈伯伯仔细看了看店家的商品，一个一个点开，看得很仔细，很快就选中了一套，问王阿姨："你觉得这把剑怎么样？"

王阿姨对老伴的审美不太认同，不过她对太极剑不是很了解，决定尊重老伴的专业眼光，点了点头："咱们看看这把剑的评价。"王阿姨点开了宝贝评价，点了点头："有1000多人对宝贝进行了评价，太极剑是小众产品，有这么多评价说明买的人不少，作假也难，有的商品好评分很高，但留言的人很少，这种你就要注意了，可能是新店，也可能好评作假，这种商品你尽量不要买。"

"原来评价也能作假啊。"陈伯伯连连点头，觉得长知识了。王阿姨仔细看了评价，告诉陈伯伯："你仔细看看'宝贝评价'中'有图/视频'的评价，是真人试过以后的真实评价，特别是以后买衣服鞋子，这种有图和视频的评价，可以更直观地看出商品的好坏。"

陈伯伯仔细看了"有图/视频"的评价，觉得还不错，于是拍板就买这一把。王阿姨点点头："咱们先选'颜色分类'，再选'购买数量'，这颜色分类可够多的，还包括了尺寸、材质，你可得选仔细了，千万别选错了，选好了确认没有问题就把它放到购物车里。"

"这就好了？"陈伯伯没想到网上购物这么简单，原本以为很复杂呢。

"不是，这只是把你想买的太极剑选好放入购物车，你肯定要把选的太极剑的样式、价格告诉拳友们，大家都没意见了才买吧？"王阿姨又指着页面右上角的分享图标："你可以点击这个图标，把这个链接分享给你的拳友们，让他们看看好不好。"王阿姨突然想起了什么，又道："你们拳友大多不会用淘宝吧，分享给他们也没用，你就把太极剑的图片下载到手机里，然后再把这些图片发到你们拳友群就可以了。"

陈伯伯觉得老伴想得真周到，剩下的事情自己应该就能做，不用再麻烦老伴了，不过他突然又想到了一个问题："如果大家确认就买这一套，我是不是就要付钱购买啊？"

"对，你回到淘宝首页，在页面下方的购物车里找到要买的太极剑，再检查一遍颜色、购买数量和价格，没问题就点击'结算'，还要看一下有没有运费，一般都是免邮费的，太极剑比较重，有可能要支付一定的邮费。有些商品价格本身便宜，但邮费很贵，你就需要重新考虑一下，或者和商家沟通，能不能把邮费降下来。"

"那我要怎么和商家沟通呢？"陈伯伯又有问题了。

"点一下商品进到商品页面，点开最下方的'客服'，在对话框输入你想要问的问题就可以了。"见老伴没有问题了，王阿姨又重新回到购物车页面："都确认没有问题了，就点'结算'，然后'提交订单'。"

"那如果我提交了订单以后，发现买错了怎么办？或者商品拿到了，发现有问题，可以退货吗？"陈伯伯有些担心地问。

"当然可以。"王阿姨点开了"我的淘宝"，指着"我的订单"界面："这里你可以看到你所有的订单，'待付款'的、'待发货'的、'待收货'的，在'待收货'里你可以查看物流信息，了解自己的商品到哪里了，再旁边是'评价'，你可以对收到的商品进行评价。最后就是'退款/售后'，你点击一下选择退款或者售后服务就可以了。但是你要注意的是，有些小商家会用各种理由拒绝退货，所以购物的时候尽量选择大的商家，这样售后服务才能得到保障。另外，很多商家都有七天无理由退换的承诺，你也可以提前看一下，是不是七天无理由退换的店家。实在有纠纷，还可以找淘宝客服仲裁。"

"哦，我明白了！"陈伯伯觉得网上购物好像挺简单的，又好像挺不简单的。

在后来的比武大赛中，陈伯伯所在的队伍如愿拿到了三等奖，

扫描二维码
观看操作视频

大家都说是太极剑的功劳，其中又以陈伯伯功劳最大。陈伯伯笑呵呵地对王阿姨说："军功章有你的一半！"

　　也是，这么几十年风风雨雨，不管遇到什么困难，老伴就是自己最坚强的后盾。

如何用淘宝购物的示意图

① 首先下载注册"淘宝"APP

② 点击右上角的"设置"图标，
  输入收货地址

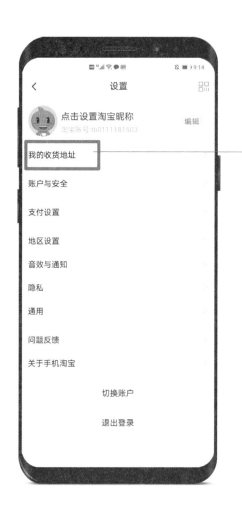

③ 添加常用收货地址，具体见下图

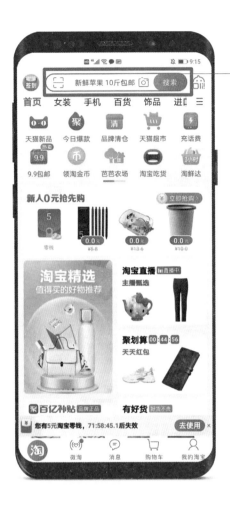

④ 找到首页的搜索栏

⑤ 输入想购买的物品

⑥ 按照综合、信用、销量、价格等因素考量选择排序方式

⑦ 找到目标店铺、产品，对商品描述比较满意后，还要查看"宝贝评价"

⑧ 有图 / 视频的评价比较直观

⑨ 认真选择尺寸、颜色、数量等相关信息，然后点击"加入购物车"

⑩ 如果想把这个商品分享给他人，就点击"分享"符号

⑪ 可以通过不同的路径分享

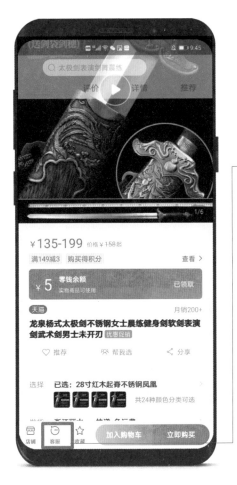

⑫ 如果还有什么问题不清楚，可以点击"客服"

⑬ 然后把商品信息发给客服，在对话框里直接咨询

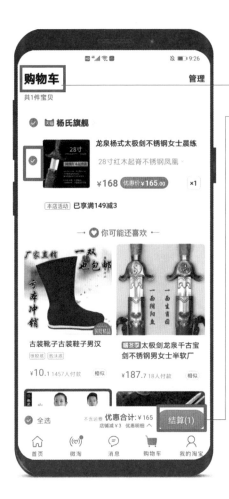

⑭ 进到购物车，选择要买的商品，点击"结算"，进入提交订单界面

⑮ 选择收货地址，然后点击"提交订单"，根据提示付款

⑯ 点击"我的淘宝"，可以查看您的订单状态

如何使用京东购物

陈伯伯闯了个不大不小的祸。

其实原本是件小事，就是陈伯伯不小心把老伴最喜欢的养生壶给打碎了，那个壶是她来北京之前，原来医院的一个同事精挑细选送给她的。

老伴的性子陈伯伯还是很清楚的，不至于为了打破一个养生壶为难自己，但知道壶被打碎了，还是会不高兴的。幸好老伴今天不在家，女儿出差了，让她过去带两天小孩。当务之急是在老伴明天上午回家之前，赶快买一个一模一样的养生壶回来。

陈伯伯也不知道哪个商场有这个牌子的养生壶卖，而且这个时间，可能还没走到商场，商场就已经打烊了。陈伯伯虽然学会了淘宝购物，可是淘宝上买的东西，一般都要两三天才能送达，这养生壶是老伴的宝贝，每天都要煮点汤汤水水的，只要老伴一回家，肯定很快会发现养生壶没了，这可如何是好？

陈伯伯突然想起隔壁郑伯伯头天晚上在京东买的电饭锅，第二天一大早就送到了，连午饭都没耽误。于是连忙请郑伯伯过来喝两杯，酒过三巡，就急急地将自己的迫切需求告诉了郑伯伯。

郑伯伯乐了："我说你怎么突然请我喝酒呢，原来是有求于我啊。"

"我这不是没办法了，所以只好求你了，不过请你喝酒也是真心诚意的。"陈伯伯让郑伯伯这么一说有点不好意思了。

难得陈伯伯求助自己，郑伯伯酒也不喝了，立刻教陈伯伯用京东购物。陈伯伯早已下载好了"京东"APP，并用手机进行了注册，郑伯伯让他先到首页，找到放大镜图标，在旁边的空格中输入养生壶的品牌型号。陈伯伯仔细一看，居然搜出了不少，陈伯伯犯难了，怎么这么多啊？这有的写着"自营"，有的写着"放心购"，还有的写着"京东精选"，也有什么都没写的，陈伯伯于是问郑伯伯："这么多店，我选哪家好呢？"

"首选'自营'。"郑伯伯告诉陈伯伯："写着'自营'的就是京东自己经营的店，晚上十点之前下单，明天上午就能到了。选择自营，一是可以保证时效，二是售后服务也更有保障。"

明白了，因为有了淘宝购物的经历，陈伯伯也算是有了经验，先根据"综合推荐"，选择了排序最靠前的自营店，98%的好评，应该是比较靠谱的。

陈伯伯点开商品，仔细看了商品介绍，先核对型号，又仔细查看了商品图片，和自己家里的一模一样，陈伯伯放心了，价格也不看，就要点击"立即购买"。郑伯伯立刻止住了他，指着页面中的优惠券对陈伯伯说："先领优惠券，这里有满399立减30的优惠券，要是能用你没领，不就亏大了。"

陈伯伯暗道好险，立刻领了优惠券，然后点击"立即购买"。虽然结账时发现养生壶价格还不到使用优惠券的条件，但郑伯伯说，要养成领券的好习惯，这次用不上，也许下次就用上了。陈伯伯付完款，到底还是有点不放心，想着这壶明天能不能送到呢。郑伯伯被陈伯伯问得有点烦，于是说："你和客服确认一下不就知道了吗?"说完指着购物车旁边的"客服"图标说："点开这个图标，你直接和客服沟通吧。"

陈伯伯点开"客服"的图标，和店铺的客服聊了一会儿，得到客服肯定的回答，明天上午肯定能送到，陈伯伯的心这才完全踏实了。

扫描二维码
观看操作视频

陈伯伯又仔细研究了一下京东的页面，有了淘宝的经验，很快在"我的"界面找到了"我的订单"，在"待收货"界面看到了养生壶的订单，也有物流信息查询，清晰明了。

陈伯伯发现，这世间万物，一通百通，就拿这次购物来说，自己有过淘宝的经验，京东购物就非常容易啦。

如何用京东购物的示意图

① 打开"京东"APP

② 点击搜索栏

③ 在搜索栏输入想买的商品，
点击"搜索"

④ 根据不同的优先排序条件
进行筛选

⑤ 点开一件觉得满意的商品，查看商品详情和评论

⑥ 在此处查看合适的优惠活动

⑦ 点击"客服"，会在对话框里出现商品的信息，点击"发送链接"，就可以咨询

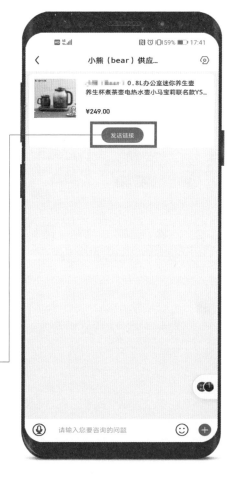

⑧ 购买完成之后，在"我的"界面查看订单详情，如果需要退换货等售后服务，可以点击"退换／售后"，并按提示进行相应的操作

用智能手机乘坐公交出行

陈伯伯又把交通卡弄丢了。

陈伯伯自己都记不清这是弄丢的第几张交通卡了，他将衣服、裤子口袋又仔仔细细搜了一遍，还是没有，这口袋也没洞啊，交通卡怎么就不翼而飞了呢？

王阿姨没忍住，冲着老伴发了脾气，卡里的钱倒是不多，因为陈伯伯之前已经丢过好几次卡，所以王阿姨每次只充二十块钱，可二十块钱也是钱，再小的金额也架不住天天丢啊，而且因为每次充值金额小，时常要充值，有时候时间紧，却发现卡里没钱了，急急忙忙去充值，险些误了行程。

"每次都丢交通卡，你怎么不把你自己人也丢了，也省得我还要每天伺候你。"王阿姨忍不住抱怨道："下次交通卡再丢，你人也别回来了。"

为了不被扫地出门，陈伯伯觉得一定不能再把交通卡丢了，但直到现在也没搞明白交通卡是怎么丢的，要怎么预防呢？直到有一天坐地铁的时候，看到前面的乘客乘车用的不是交通卡，而是手机，陈伯伯茅塞顿开。改用手机乘车，不用交通卡，不就不会丢了？

陈伯伯觉得自己太聪明了，至于如何用手机乘车，陈伯伯一点也不担心，不是有甜甜吗？

果然，甜甜听到姥爷要学习用手机乘公交，一如既往地支持，立刻给陈伯伯"扫盲"。甜甜打开了陈伯伯的支付宝，点击"首页"最上方的"出行"，又点开了第一个"公交"的图标，立刻出现了"领卡乘车，刷码乘公交"，甜甜点了下方的"前往领取"，告诉姥爷："这是'北京公交乘车码'，姥爷您点击下方的'同意协议并领卡'，再输入您的'支付密码'就领取成功了。您以后乘公交车的时候，点击'出行'，就会出现您已经领取的'北京公交乘车码'，您在公交车上对着机器扫一下就行，先乘车后付款，会从您的支付宝中扣钱。您可以点开支付宝右下角'我的'，然后点开账单就能查到支付的金额。"

"那地铁能用这'北京公交乘车码'吗?"陈伯伯问。

"如果是乘地铁,需要下载'亿通行'APP,成功开通后,打开'乘车码'就可以使用了。"

甜甜要帮姥爷下载"亿通行"APP,不过陈伯伯决定自己下载操作,让甜甜在一旁指点,很快顺利地下载并开通了"亿通行"APP,这让陈伯伯觉得自己还是很能干的。

甜甜也为姥爷高兴,不过还是有点担心:"姥爷,您以后不会把手机丢了吧?"

"怎么可能?"陈伯伯嚷道:"现在出行、付款、健康码,处处都要用手机,我就算把自己丢了,也不可能把手机丢了。"

扫描二维码
观看操作视频

通过用手机代替交通卡,陈伯伯觉得很多事情,换个角度想,就豁然开朗了。

如何使用亿通行坐地铁的示意图

① 下载安装"亿通行"APP

② 使用手机号注册登录，也可以直接用支付宝账号登录

③ 点击"前往实名认证"

④ 选择其中一种实名认证
　方式

⑤ 点击底部的"乘车",再点击"立即开通",并勾选"同时开通公交乘车码"

⑥ 根据提示完成三步操作，就能开通乘车码了

⑦ 乘车时打开APP，进入"乘车"界面，就会看到乘车码

⑧ 有问题可以点击"我的"，再点击"我的客服"，就可以咨询。目前只有北京、大连、呼和浩特、上海四个城市可以使用"亿通行"

如何用支付宝乘坐公交的示意图

① 打开支付宝首页，点击"出行"

② 点击"公交"界面中的"查看全部交通卡"，可以查询您所在的城市是否可以使用

③ 点击放大镜，进行搜索

④ 在搜索框中输入城市名称，
例如天津

⑤ 找到后，点击"去开通"

⑥ 点击"同意协议并开通"

⑦ 当您乘公交时，就打开支付宝，点击"出行"，就会出现乘车码，如下图所示

⑧ "乘车码"界面

如何在手机上看书

王阿姨每天傍晚去小区的广场跳舞。时间不长，一个小时，其中休息的十分钟，就是老姐妹们聊天八卦的时间。

老师刚说休息，王阿姨还没来得及喝口水，李阿姨便走了过来："王姐，你最近看书很用功啊，你本周读书排行第 2 名哟。"

"是吗?"王阿姨喜滋滋地："我在我的微信读书排行榜是第 5 名，我朋友圈有几个每天读好久的书，比不过她们。"

"你们都看什么书呀? 我也很爱看书。"

王阿姨回头一看，居然是梅老师。梅老师是舞蹈队的台柱子，身段好，舞姿优美，就是有点清高，不太合群。没想到居然会主动搭话。王阿姨过于吃惊，梅老师忍不住笑了，看起来亲和多了。

"哦，我们在说微信读书，我们现在都用这个 APP 看书，不但能知道好友在看什么书，还能知道每个人的看书时长、在朋友圈中的排名。梅老师，你平时看书用什么 APP ?"

"我一般看纸质书。"梅老师解释说："我以前觉得手上拿着书才能算是看书，不过书太多，家里的书橱都放不下了，所以想着要改一改阅读习惯，你说的微信读书用起来方便吗?"

"方便方便，你把手机给我，我现在就给你下载一个，正好这里有 WIFI，不费流量。"王阿姨想起春天的时候，季大姐教自己用微信时的情景，好像就在昨天。

梅老师将手机交给王阿姨，王阿姨飞快地下载好"微信读书"APP，开始手把手教梅老师使用。先注册，这个倒是简单，跟其他 APP 没有太大区别，梅老师自己就搞定了。然后王阿姨问梅老师："梅老师，你有想看的书没有？"

"前两年有个电视剧《琅琊榜》很好看，听说有小说。"梅老师很想重温一下这个故事。

王阿姨点了下 APP 左下角的"发现"，页面右上角出现了"书城"，王阿姨在左上角放大镜图标旁边的空格中输入"琅琊榜"，点击搜索后，随即就出现了这本书。

王阿姨指了指页面最下面的两个图标："你可以直接点'阅读'开始读这本书。"

梅老师有些担心地问："那我以后要怎么找到这本书呢？而且，

如果我忘记之前读到哪里了，怎么办？"

"很简单。"王阿姨指了指"发现"旁边的"书架"，"所有加入书架的书都会放在这里，你点开'书架'就能找到。点开后，它会默认留在你上次看过的那一页。"

"如果你想查看目录，或者想看其他章节，就点页面下方最左面的三条横线的图标，就会出现这本书的目录，可以选择你想看的章节。"

"旁边这个图标 ，是做笔记和重点划线的，你可以记录对本书的想法；再旁边这个'A'图标，可以调节字体，我通常都是把字体放得大大的，这样看着舒服。"

王阿姨接着说："还有很多的功能，你可以慢慢开发，别怕错，就算错了大不了退出重新来。"

王阿姨最后指了指 APP 底部的"我"："你在这里可以看到我们刚才聊的读书排行榜，还可以看到有多少微信好友关注了你、你做过的笔记，还有读过和订阅过的书，每年微信读书还会给你一年的读书情况做一个总结，我下次把我去年的读书总结发给你看看。"

"王阿姨，你懂得真多，好厉害。"梅老师发出由衷的赞叹。

王阿姨一直觉得梅老师很厉害，舞跳得那么好，一直是她仰视的白天鹅，原来在梅老师眼中，自己也是很厉害的人啊。

王阿姨咧着嘴笑了，有一种叫成就感的东西油然生起。

扫描二维码
观看操作视频

如何使用微信读书的示意图

① 下载并注册登录微信读书 APP

② 打开 APP 找到搜索栏，输入想找的书名或作者名，点击右下角的"搜索"

③ 接下来出现所有相关图书
的信息，选择一本开始阅
读。如果同样的书名不知
如何选择，可以从上往下
按照排名挑选

④ 选好图书后，把它"加入
书架"，下次可以在"书
架"中找到这本书，忘记
书名也不怕了

⑤ 点击右上角的三个点，可以把书下载到本地，没有网络也能阅读

⑥ 点击左下角三道横线可以看到书的目录；点击第二个图标可以看到其他人阅读这本书时的笔记，和无数网友共同读一本书的感觉特别好

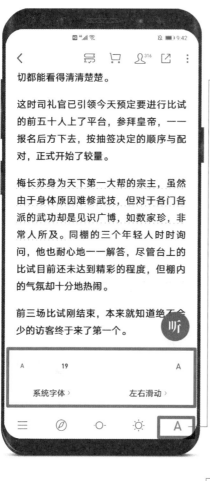

⑦ 点击A处，可以调节字号
大小

⑧ 点击"我"，进入个人主页，
可以在这里看到好友排名

用听书软件让眼睛休息

王阿姨最近迷上了"种菜"，从淘宝的天猫农场，到拼多多的多多果园，倒不是稀罕种成后能免费领的水果，就是图个热闹，老姐妹聚会的时候也多些谈资。

不过种菜时间长了，眼睛有点受不了，年纪大了，眼睛本来就不好，加上手机看多了，用眼过度。王阿姨最近就觉得眼睛干涩，看东西有些模模糊糊的，跟女儿一说，女儿便不许她再看手机，还让老爸负责监督。

陈伯伯在家一直是被领导的，好不容易得了个监督的任务，执行起来不折不扣，就算王阿姨要跟他翻脸，不让看手机就是不让看。

不过看着老伴无聊得在房间里转来转去，陈伯伯也觉得无趣，于是拿着王阿姨的手机出门转了一圈，兴冲冲地回来了："老伴，我给你找了件好东西。"

"你能找到什么好东西？"王阿姨嗤之以鼻。

陈伯伯打开手机，指着手机上新装的"喜马拉雅"APP说："老伴啊，你不是眼睛不好玩不了手机无聊吗，我刚去找我的拳友，让他帮忙下载了个听书软件，不用眼睛看，用耳朵听新闻、故事，还有戏曲、相声，你想听啥，啥都有。"

"你拳友介绍的，能有什么好东西？"王阿姨根本不信，但架不住陈伯伯的热情，终于还是凑了过来。

"来，咱们先打开喜马拉雅，要不要注册？"陈伯伯征求王阿姨的意见。

对于已经能够熟练使用各大APP的王阿姨来说，注册这种小事信手拈来，输入手机号，短信接收验证码，输入验证码，注册登录，一气呵成。

陈伯伯继续"指导"："很简单，咱们先输入你想听的内容的名称，你不是很喜欢《马未都说收藏》吗，咱们搜搜看。找到'搜索'，就是这个放大镜，输入'马未都'三个字，哇，居然有这么多结果，有《观复嘟嘟》，还有《国宝100》……你想听哪个？"

"听听不就知道了吗。"王阿姨顺手接过了手机，从第一个开始，按下了"播放"键，马未都熟悉的京腔传了出来，王阿姨听得津津有味。

王阿姨指了指"播放"键旁的"下载"键："这个是干吗用的？"

陈伯伯觉得自己总算有了用武之地："点击它，就能把声音下载到手机里，在外面也能随便听，不会用流量，婷婷以前教过我们的。"陈伯伯又

指了指首页旁边的"我听"："你点开这个'我听'就可以找到下载的有声书，还有播放历史，你之前听过的内容都在播放历史里。"

王阿姨继续往下听，却发现有一本书听不了，仔细一看，原来这本是VIP，这下又轮到陈伯伯发挥了："看到旁边的喜点没有，一个喜点就是一块钱，你得先往自己的账号中充钱购买喜点，然后再用喜点购买这本书。"

"这喜（西）点可够贵的，还吃不到。"王阿姨撇了撇嘴。

"你看的这个有700多集呢，这么多人同时演播，每集不到三毛钱，一点都不贵。"陈伯伯据理力争。

"就算不贵，我也不看，有那么多免费的可选择，我为什么要选付费的？"王阿姨振振有词。

陈伯伯放弃了和王阿姨争辩，他已经用大半生总结了经验，和老伴吵架，就算吵赢了，也是输。

没用几天，王阿姨就把喜马拉雅的使用方法都摸得差不多了，她试听了很多节目，同样一本书，演绎形式却多样，就算是最普通的读书，也因为不同的主播，可以听出不同的意境来。

王阿姨渐渐爱上了听书，虽然听书比看书节奏慢，但既不会用眼过度，也不会浪费流量，还有寻宝的感觉，王阿姨觉得听书会成为她今后生活中重要的一部分。

年纪大了，让生活节奏慢下来，也是不错的选择，不是吗？

扫描二维码
观看操作视频

如何使用喜马拉雅听书的示意图

① 下载并注册登录"喜马拉雅"APP

② 打开APP找到首页的搜索栏

③ 搜索想听的内容，输入书名、节目名、作者名都可以

④ 点击搜索后会出现相关内容列表，选择想听的节目，点击"播放"，还可以下载到手机里

⑤ 点击"我听"

⑥ 在"我听"界面能找到"播放历史"和下载的节目

⑦ 有的节目需要付费收听，先购买"喜点"，一个"喜点"等于一块钱

用爱奇艺找回青春回忆

这天，陈伯伯和王阿姨正在家里看电视，女儿女婿来了。

王阿姨放下手中的遥控器抱怨说："你们来了正好，正不知道看什么节目好，这电视剧越来越没意思，你们小的时候，没有几个台，可是哪个节目都看得津津有味，哪个电视剧都是精品。"

陈伯伯一边给女儿削苹果一边说："你老妈天天抱怨电视没得看，看书时间长了眼睛又累，听得我耳朵都起茧子了。"

王阿姨不服气："又不是我一个人说，你自己不是也念叨。真是的，老头子不讲理。"

陈伯伯觉得自己是个最讲道理的人，听到老伴的评价很是恼火："要说不讲理，谁能比你不讲理，前天我正在看拳击比赛，你拿起遥控器问都不问就换台。"

王阿姨瞪大眼睛："太血腥了好吗？小外孙还在呢，能让小孩子看那种画面吗？"

女儿一边吃苹果一边说："爸妈，你们别吵了……你们不是都用手机吗？手机上可有很多好看的电影、电视剧，还有综艺节目，有新拍的，还有很多经典的老片，你们想看什么，在手机上搜索就行，也不用抢遥控器了。"

陈伯伯一时半会转不过来，气哼哼地说："让你妈学吧，她学会了，把电视机让给我就行了。"

王阿姨最喜欢挑战新鲜事物，立刻说："我学就我学，女儿你教妈妈。"说着把手机递给女儿。

女儿接过手机一秒都没停留，笑嘻嘻地直接把手机递给女婿："来来来，你是工程师，思路最清晰了，你来教。"

女婿憨厚地说："好，妈我来教您。很简单的。"

王阿姨敲敲女儿的头："懒蛋。"然后凑到女婿身边看着手机屏幕，努力记住操作程序。

女婿说："妈，首先您要下载一个看视频的软件，我通常用的有腾讯视频、爱奇艺、优酷、芒果 TV 这几个，我给您下载一个爱奇艺吧。我记得教过您下载吧？"

王阿姨一边看女婿操作，一边"复习"："找到应用市场，然后输入爱奇艺、搜索、点击安装。"

女婿动作熟练地安装上软件，顺手帮王阿姨用手机注册、登录，然后问："妈您想看什么？"

王阿姨有点懵，她笑着说："你这猛地一问，我倒想不起来了。"

女婿也笑起来："没关系，您慢慢想，咱们先看上面第一排，有正在热播的《大秦赋》，有热点，有推荐，有电视剧，有电影……您如果没有特别想看的，可以看看正在热播的电视剧，下面的 1、2、3……就是电视剧的集数。"

王阿姨仔细看着页面上的小字问："这会员更新和非会员更新的日期咋还不一样啊？咱们看电视，不是电视台啥时候放，咱们啥时候看吗？"

女婿忍住笑解释："会员就是交费的用户，非会员就是免费用户，会员可以不看广告，有的热播剧还可以提前看，这些都是会员专享的福利。"

王阿姨讪讪地："行吧，不交钱有节目看就不错了。"

女儿在旁边说："没几个钱，时间最值钱，你给妈买个会员。"

王阿姨一边说着："不用不用，妈妈的时间不值钱。"一边感觉心里甜甜的。

买完会员，果然页面显示更新的日期变了。

女婿点开"电影"，说要是想看电影，就在这里搜索。

王阿姨终于想起来想看什么了，说："我想看老电影《冰山上的来客》。"

女婿在搜索栏输入"冰山上的来客"，点击搜索。果然出现了熟悉的海报。"这样点开就能看了。不过如果想要外出看的话，可以点击下载，这样，没有 WiFi 也能不费流量看电影了。"

王阿姨说："不用下载，下载以后，我就找不到了。我出门不看电影，就在家里用 WiFi 看好了。"

女婿退回到

初始页面，点击"我的"，"看，在这里就能找到您下载的内容。"

王阿姨激动地说："年轻的时候，有好多电影都特别喜欢，可惜不知道到哪儿去看，现在也太方便了！"

陈伯伯也凑了过来："想搜什么都有吗？"

女婿说："那也不一定，因为版权的原因，有的电影电视剧和节目只能在固定的平台播出，我把常用的几个 APP 都给你们下载了。如果一个平台找不到，就到另一个平台去找。"

王阿姨问："你说的平台是啥意思？"

女婿笑着说："平台就是一个形象的说法，把这些 APP 比作一个大大的台子，里面展示着各种各样的节目内容。展示视频的叫视频平台，展示音频的叫音频平台，展示商品的叫购物平台……"

王阿姨对这个解释表示很满意。

陈伯伯突然说："手机屏幕这么小，看屏幕多了伤眼睛的，还是看电视好。"王阿姨想到自己的眼睛最近总是干涩，不由得点了点头。

女婿又说："过几天我给你们买个投影仪，可以把视频投放到墙上看，这样就不伤眼睛了。"

扫描二维码
观看操作视频

王阿姨开心地说："不急不急，等双十一打折的时候再买。"

女儿拍手笑道："我妈还知道双十一呢，真是个与时俱进的老太太。"

如何使用爱奇艺看视频的示意图

① 打开"爱奇艺"APP

② 顶部导航栏下方有各种选
项供选择

③ 选择好想看的节目，点击
进入播放页面

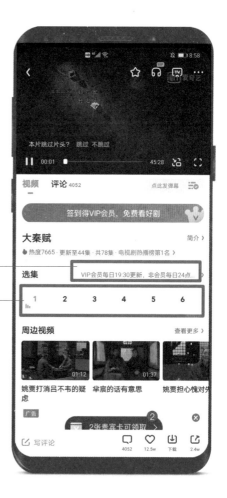

④ VIP 会员需要付费，但是
有免广告、提前收看等
特权

⑤ 想看什么就在搜索栏中输入名字，然后搜索

⑥ 可以在有 WIFI 的情况下直接观看，也可以下载下来，没 WIFI 时也能看

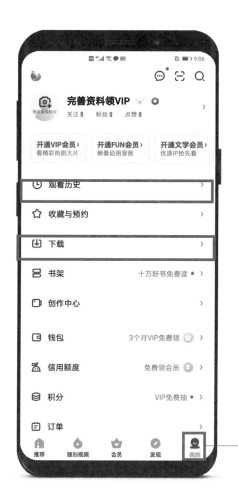

⑦ 点击右下角的"我的"，可以找到下载的节目、影视剧，也能找到以前观看的视频

用抖音记录美好生活

这天晚上跳广场舞的时候，王阿姨发现梅老师有点反常。

一向追求完美的梅老师，今天居然跳错了两个动作，而且还踏错了一个节奏，王阿姨看出来了，梅老师一定有心事。

自从上次教梅老师使用微信读书后，王阿姨便和梅老师成了朋友，熟悉后的梅老师一点也不高冷，虽然教学很严格，但对朋友很贴心，有时候还带自己做的小饼干给大家吃。

朋友有心事，王阿姨自然要开解啦，于是休息时就问梅老师："梅老师，你有心事吗？说出来，看看有没有我能帮忙的？"

其他跳舞的小伙伴也围了过来，大家都发现了梅老师的异常，关心地问梅老师有什么烦心事。梅老师原本不太想说，不过架不住大家热心，终于还是把心事说了出来。

原来梅老师除了在这里跳舞之外，还在另外一个比较专业的舞蹈队跳舞，舞蹈队有一位老师跳得也很好，与梅老师有种暗暗的竞争关系，最近那位老师注册了个抖音账号，在抖音上发布自己的舞蹈视频，收获了很多粉丝，在舞蹈队的人气也水涨船高。梅老师坦白自己的心情："我其实不是嫉妒，就是她老讽刺我落伍，连抖音是什么都不知道，说话阴阳怪气的，我是有点气不过。"

大家七嘴八舌地安慰梅老师，不过梅老师的心情并没有因此好起来，王阿姨想了想说："她不就是上了抖音吗，咱们也上抖音，这样赶上刮风下雨，我们上不了课的时候，也能跟着你的抖音学了！"

舞蹈队的其他阿姨们听到这里也纷纷点头，李阿姨看过儿子玩抖音，很懂行地说道："我看过儿子在抖音上传视频，就是拍个视频传上去，简单得不得了。"

姚阿姨一听拍视频，来劲了："视频我来拍，我把孙子的大疆灵眸借来，梅老师，你就负责跳舞，我一定把你拍得美美的。"

谢大姐也凑过来："我负责化妆，我之前在王府井那边的一家影楼给人化妆，技术绝对没问题。"

万事俱备，只欠东风，谁会用抖音？大家都退缩的时候，王阿姨站了出来："我负责搞定抖音，明天咱们就拍视频，发抖音。"

王阿姨虽然没有玩过抖音，但是有底气，陈伯伯每天都看抖音，用王阿姨的话说，自己不是陈伯伯的老婆，抖音才是。

这不，王阿姨回到家，就看到陈伯伯拿着手机刷抖音，声音放得很响，还时不时地哈哈大笑。若在平时，王阿姨肯定是要发飙让他戴上耳机的，不过今天有求于人，格外亲和。

王阿姨凑了过去："老陈啊，这抖音怎么玩啊？"

陈伯伯因为玩抖音一直被王阿姨打压，不知为啥今天老伴突然有兴趣了，自然倾囊相授："很简单，你看啊，先下载一个抖音APP，进去点击页面上方的'推荐'，你就可以滑动屏幕看各个小视频了，如果你觉得哪个小视频特别有意思，可以点击'+'关注作者，然后你看——"陈伯伯先点击了"关注"，又点击了页面右下角的"我"，在右上方的"关注"就由0变成了1，陈伯伯点开，果然就是刚才关注的作者。

陈伯伯又退回首页，指了指页面右上方的放大镜说："如果你有想看的视频，也可以在这里搜索，很简单的。"陈伯伯有些得意地看着老伴，一副快夸我的表情。

王阿姨没回应陈伯伯的期待，而是迫不及待地问："抖音上怎么上传视频?"

"老伴，你居然要上传视频?"陈伯伯有些受打击："我玩了这么久抖音，还没上传过视频呢，你居然一上来就要上传视频。"

"那你会不会?"王阿姨有点紧张，好在陈伯伯不肯定地答了句："应该可以吧。"

老两口凑在一起研究上传视频，在"我"里面，王阿姨觉得APP底部的"+"最有可能是上传视频的通道，点开果然就是这里，王阿姨点击了相册，选了其中的一张照片，界面上出现了"选音乐""特效""文字""贴纸""自动字幕""滤镜""画面增强""画质增强"等很多选项，王阿姨一个一个地进行选择，最后点击"下一

步"，随便写了几句话，然后在"谁都可以看"中选择了"公开：所有人可见"，最后选择"发布"，王阿姨在抖音上的第一个小视频就完成了。王阿姨反复看了好几遍，觉得自己的处女作还是很不错的。

一旁的陈伯伯也很满意，对王阿姨说："我要关注你，做你的粉丝，然后为你点赞。"

第二天，大家帮梅老师制作了很棒的视频，上传到抖音。之后，舞蹈队拍了很多条视频，在抖音上收获了不少的新朋友关注。

扫描二维码
观看操作视频

男人都说女人多是非多，王阿姨是不赞成的，男人根本不懂女人，女人间的友情更实在。

如何玩抖音的示意图

① 注册登录"抖音"APP

② 打开 APP，滑动屏幕即可观看视频。想搜索某些特定内容，如"宠物""搞笑""育儿"等，就点击这个放大镜图标，输入内容

③ 点击头像下方的"+"，能关注作者；
点击心形图标，能收藏视频；
点开气泡图标，能查看和发表评论；
点击箭头图标，能把视频分享给好友

④ 点开界面最底部的"我"，可以查看您发布的视频和收藏的视频

⑤ 点击"+"，可以上传作品

⑥ 可以现拍视频，也可以从相册中选择，可以添加音乐，还可以使用右侧一栏的功能，对视频进行加工

⑦ 拟一个恰当的标题;

⑧ 从相册中选择一个合适的照片，作为封面;

⑨ 可以添加相关热点话题，增加曝光度;

⑩ 根据需要设置是否"公开可见"

⑪ 检查好内容就可以"发布"了

如何使用手机在网上挂号

陈伯伯自从去医院看过老同事后，状态就不太对。这天，王阿姨做了他最爱吃的红烧肉，平日里，他一个人就能吃一大碗，但这次只吃了两小块。王阿姨这才发现陈伯伯最近胃口真的不好，吃得明显少了，人也沉默了，有时候还一个人坐着发呆。

王阿姨有点着急了："老陈啊，你最近是怎么了？吃得这么少，不舒服吗？"

陈伯伯坚持说自己没事，王阿姨火了："你这是没事吗？吃得这么少，没事还发呆，到底是怎么回事？你是存心让我着急是不是，我跟你说，我一着急，血压就高，血压一高……"

陈伯伯一看王阿姨气得脸通红，这是要发作的前兆啊，连忙坦白："我上次不是去协和看老同事吗，胃癌晚期，咱们那儿都治不了，转院到协和，也说太晚了。从前那么壮实的一个人，都瘦成纸片人了，我就问了问他怎么会拖成胃癌晚期的，到底有什么症状。他就说主要是没有胃口、容易嗳气，胃部还隐隐作痛，回来以后，我就发现他说的这些症状我都有，我的胃这些天就隐隐作痛，有时候还痛得挺厉害，嗳气我也有，最近吃饭也没有胃口，连红烧肉也不爱吃了，老伴，你说我是不是也得了胃癌啊？"

王阿姨判断陈伯伯的病多半是心理问题，但看他这么忧心忡忡，且以这个倔老头的脾气，如果说他是心理问题，多半要和自己急，于是换了一种方式，安抚道："你自己别瞎想，这个病啊，越想越像，咱们去医院检查一下，不就知道自己到底有没有得病了。"

"我不去。"陈伯伯不同意："如果查出来是胃癌，整个生活全毁了，反正最后都是死，我宁愿不知道，过几天正常生活。"

王阿姨气得想捶他两下，这不是掩耳盗铃嘛。不过看他心事重重的样子，又忍住了，安慰道："查清楚了，心里不就踏实了，你现在这样想东想西的，生活也不正常啊，听话，去医院查一下。"

"我不去。"陈伯伯很坚持。

"你到底去不去！"王阿姨猛地站起身，身子晃了一下，脸色很是不好，陈伯伯立刻投降："去，去，去！"

陈伯伯说："我不愿意去医院，主要也是听说北京这边看病实在是太难了，一号难求，看个病挺遭罪的。"王阿姨说："咱们先做检查，也不用找大专家，我听隔壁老吴说，现在可以在网上挂号，也不用一大早就去医院排队了，可是我不会用，婷婷应该会吧。"

"别让婷婷知道。"陈伯伯低声说了句。

也是，如果让孩子知道了，又要请假耽误工作，又要跟着着急。心疼孩子的老两口，赶紧去问隔壁老吴大哥。

老吴拿出手机发给他们一个公众号，叫"京医通"，让他们关注这个公众号。点开最下面一栏"就诊服务"，里面有"挂号""体检""门诊缴费""报告查询""急诊（发热）地图"。

老吴点开"挂号"，陈伯伯看到大部分医院都可以在上面挂号。老吴说："在最上面一栏搜索想去的医院，然后点开医院的名字，找到想去的科室，或者想看的医生，然后看一下哪天还有号，每个医院放号的时间不同，要注意一下，最好第一时间在网上抢号。有的医院是半夜放号，那就要定好闹钟，抢了号再睡。"

陈伯伯按照老吴的攻略，抢到附近一所著名的三甲医院的号，去医院做了胃镜检查，睡了一觉，检查就结束了。虽然最后的检查结果还没有出来，不过做胃镜的医生说，陈伯伯的胃很健康，应该没有问题。

医院检查出来，陈伯伯在京医通里查看了报告，立刻就恢复了好胃口。王阿姨中午炖了大份红烧肉，陈伯伯觉得前所未有的好吃，一边吃一边想，自己一定要接受教训，疑心病也是病啊。

扫描二维码
观看操作视频

如何使用京医通挂号的示意图

① 在微信首页搜索"京医通"公众号

② 找到并打开"京医通"公众号

③ 点击"关注公众号"

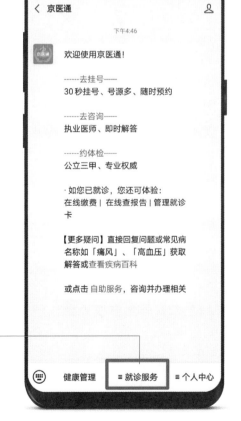

④ 关注公众号后，点击公众
　号最下方的"就诊服务"

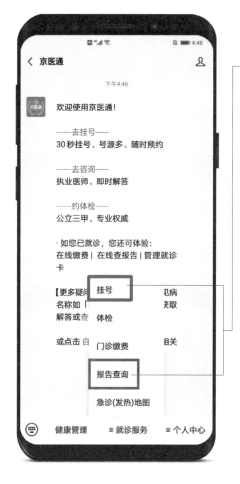

⑤ 第一项就是挂号，检查结束后查询报告结果也在这里

⑥ 找到公众号内部搜索栏

⑦ 输入医院名称后，界面就
  会显示医院的相关信息，
  点击"门诊挂号"

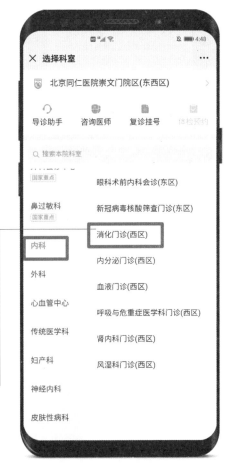

⑧ 找到相应的科室

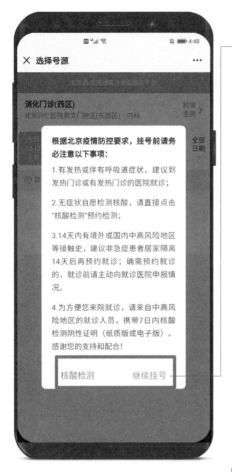

⑨ 在挂号前确认与疫情有关的内容，然后点击"继续挂号"

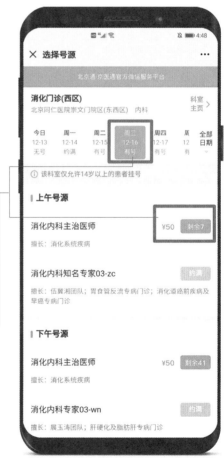

⑩ 选择日期、号源，然后点击"剩余 x"，就进入挂号界面。根据手机提示完成挂号、交费

如何使用手机寄快递

王阿姨和女儿约好了，今天去她们那里吃饭。

女儿上个月搬了新家，离孙女甜甜的学校近了，不过搬家以后，一直没有给老爸老妈找到合适的房子，这样离王阿姨家就远了。王阿姨体贴孩子平日里工作忙，所以到了周末也不让孩子过来，都是老两口去女儿那里，虽然距离有点远，但好在交通还算方便，一趟公交，不用倒车，因为是周末，公交车也不是很挤。

王阿姨和老伴并不很想去女儿家，主要是女儿管得多，管老头抽烟喝酒，管老太太交友吃药。虽说是好心，可是脾气总归太急。不过老两口每个礼拜还是风雨无阻去女儿家，没办法，女儿虽然有点烦，但外孙们可爱啊，又懂事又贴心，一个礼拜不见都不行。

一大早，王阿姨看着给外孙们准备好的蔬菜、零食，深深地叹了一口气，老伴正好走过来，便问："好好地叹什么气啊？"

"钓鱼台银杏大道的黄叶，你知道吧？我昨天看电视，好多人去拍照啊，拍出来的照片真好看，听说再刮一次风就没了，今天阳光这么好，真想去看看。"

"那就去呗，女儿那里一个星期不去也不算啥。"没想到陈伯伯一口同意。

"可你看这些东西怎么办啊？"王阿姨很是苦恼："上次外孙说要吃咱们这边的糖炒栗子，不带过去他们要失望了。"

这倒是个问题，陈伯伯想了想便道："要不咱们在女儿家吃完午饭就出来，去看银杏叶去。"想了想自己就否定了这个方案，不是一个方向，北京这交通，还是算了吧。

"算了，不看了，也不是非看不可的。"虽然这么说，王阿姨脸上还是露出失望之色。

陈伯伯最看不得王阿姨这种表情，脑中突然灵光一现："咱们可以把这些东西用快递送去甜甜家，自己去看银杏叶。"

王阿姨眼睛一亮："这倒是个好主意，可是，我们从来没有叫过快递，你会用吗？"

"我倒是见婷婷叫过快递，不过也就匆匆忙忙看了两眼，也不知道会不会。"陈伯伯并不确定。

对于自己想干的事情，王阿姨总是特别干脆，她手一挥："咱

们试试，不就是叫个快递吗，咱们用了这么多 APP，还能叫快递难住了不成？"

陈伯伯觉得王阿姨说得很有道理，回想了一下，说道："我记得甜甜经常叫的那家快递公司，叫啥来着，名字可顺了，怎么突然就想不起来呢，叫……"

"顺丰！"王阿姨实在受不了老伴："我都记得，你这在一旁看了半天的反倒想不起来了。"

"对，是顺丰。"陈伯伯憨憨地笑了笑，拿出手机，很快下载了"顺丰速运"的 APP，点开后按照老规矩，先注册，然后在页面的下方看到了"寄件"，这应该就是寄快递的意思吧？

王阿姨点开"寄件"，又点了"寄快递"，在"寄"的位置输入了寄件人的信息，也就是自己的姓名、手机、地址，在"收"的位置输入女儿的姓名、手机、地址；然后继续往下选择寄件方式，"丰巢寄件"不会用，只能选择"上门取件"；再往下是"期望上门时间"，王阿姨选择了"一小时内"；又在"物品信息"中填好"食品"，还有"预估重量"，王阿姨估计了一下重量选择了 1 公斤。这些信息全部填好后，最后要选择运送方式，王阿姨先点了一下"同城急送"，速度给力，预估一个小时就可以送到甜甜家，不过价格却让王阿姨吓了一跳，居然要 38 块，而"顺丰标快"倒是便宜，只要13 块，但要明天才能送到。

王阿姨有些心疼钱："算了，太贵了比栗子都贵了，银杏叶咱们不看了。"

"贵什么贵，不就 38 块钱嘛，我这个礼拜烟不抽、酒不喝了，省下的钱咱们叫快递，银杏叶是一定要看的，明年的叶子就不是今年的叶子了。"陈伯伯最后一句话很是拗口，不过王阿姨却明白他的意思，觉得很是感动，年轻的时候生活困难，他们把钱看得重，生活条件好了，人也老了，但是老了也有老的好处，比如知道情义更重了。

扫描二维码
观看操作视频

老两口寄了快递，然后高高兴兴地去看了银杏叶，王阿姨拍了好多照片，发了朋友圈，陈伯伯还第一个点了赞。

解锁了寄快递的功能后，老两口的生活更加便利了。

如何用顺丰寄快递的示意图

① 下载并注册"顺丰速运"APP

② 点击"寄件"

③ 点击"寄快递"

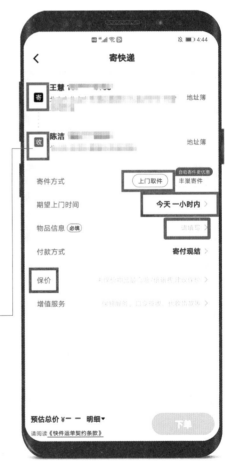

④ 填写寄件人、收件人的信息（姓名、电话、地址），并依次选择寄件方式、期望上门时间、物品信息（如下图所示）、付款方式

⑤ 在物品信息一栏里有更细化的分类

⑥ 预估重量后点击"确定"

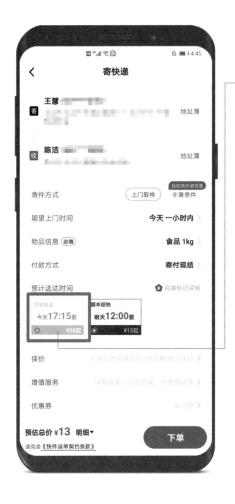

⑦ 顺丰有两种运送方式，一种是同城急送，一个小时就能到，但运费高；另一种是顺丰标快，一般第二天送到，费用便宜

⑧ 全部选好后点击"下单"

如何使用手机购买火车票

陈伯伯是个坐不住的人。新冠疫情肺炎最严重的那些天不能出门，他熬得很是辛苦，每天去楼下扔垃圾的时间，居然成了他一天中最快乐的时光。

再后来，新冠肺炎疫情缓解了，可以和拳友一起打拳，可以去公园下棋，还可以陪老伴去吃她爱吃的广式点心。陈伯伯觉得，能自由地行走，是一件多么快活的事情。

刚退休那几年，陈伯伯和老伴经常出去旅游，还跟着旅游团去国外旅游过几次，今年国外游是别想了，但这国内旅游，实现起来也不容易，因为女儿不同意。

陈伯伯知道女儿不放心，是因为新冠病毒对老年人不太友好，各地陆陆续续还有零星的案例，女儿担心也正常。可看看周边的拳友、老伙计都陆续开始出去旅游了，这心就痒痒的，心也跟着一起飞了。

正好陈伯伯在天津的几个老战友邀请他去天津聚会，陈伯伯惴惴不安地提出申请，本以为老伴不会同意，没想到王阿姨居然还挺支持："北京到天津只要半个多小时高铁，昨晚电视上专家说了，现在可以出去，但要做好防护，咱们全程都戴上口罩，消毒液、消毒纸巾都备得足足的，肯定没事。"

既然老伴做主，陈伯伯自然举双手赞成，不过他还有点顾虑："要不要告诉女儿？"

"当然不能告诉她，"王阿姨立马否决："告诉她咱们就去不成了。"

"可女儿每天要给咱们打电话，要是打电话找不到人，肯定要问咱们去哪儿了，这不就穿帮了吗？"陈伯伯还是有顾虑。

"就说咱们老同事聚会，到家晚，让她不要给咱们打电话，等咱们到家了给她打过去。"王阿姨考虑得很周到："咱们坐早班高铁过去，在天津逛一天，吃完晚饭再坐高铁回来，女儿发现不了。"

陈伯伯觉得老伴实在是太聪明了，不过很快他又发现了新问题："可咱们不会买火车票啊，以前都是女儿一手操办的，可这次不能告诉女儿，买火车票怎么办？听说现在火车票都是在网上买的。"

"怎么办？学呗，还能被一张火车票难住了？"王阿姨掏出手机，先用百度搜索了一下如何在网上买火车票，知道是用"铁路12306"的 APP，于是下载了这个 APP。

在"用户名"处输入了自己名字的英文字母，因为用户名有重复，又在后面加了两位数字，"密码"选择了自己常用的密码，字母加数字的组合，然后再次输入，以便"确认密码"。完成后便开始输入详细信息，"证件类型"选择"中国居民身份证"，填写自己的真实姓名，在"证件号码"中输入身份证号；"联系方式"中输入了自己的手机号；又填写了电子邮箱，还好之前有 QQ 邮箱，否则这电子邮箱还是麻烦事，最后"旅客类型"系统自动选择了"成人"。

王阿姨又仔细核对了一下输入的信息，无误后点击了下一步，随即进入信息验证页面，王阿姨根据页面提示，先发送注册短信，随即将手机收到的验证码输入到注册页面，通常这个手机验证码消失得都比较快，要再去短信里找回，有时候就忘记了怎么回到注册页，所以王阿姨想了一个"土"办法，就是注册的时候身边放着纸笔随时记录，这样成功率就大大增加了。最后点击完成注册。

完成注册后，王阿姨回到首页，选择了出发地"北京"、目的地"天津"，选择出发的时间，然后勾选了"只看高铁/动车"，再点击"查询车票"，页面立刻出现了北京去天津的各趟车次，王阿姨选了九点零四分的那一趟，到天津九点三十四，时间再合适不过了。

王阿姨点击这趟车次，就进到"提交订单"界面，先选好座位，再点开"选择乘车人"，根据提示录入自己和老伴的姓名、证件类型、证件号码、联系方式等信息，最后"提交订单"，就成功了。

王阿姨随后如法炮制，买了天津回北京的火车票，虽然火车票买好了，但王阿姨心里没底："虽说拿着身份证可以直接上车，但咱们那天还是早点过去，到取票点把票取了再上车，这样保险一些，如果票没买成功，咱们也可以现场买票。"

陈伯伯连连点头，表示老伴想得就是周到，他还不忘提醒王阿姨："咱们还得提前验证好健康宝，进出高铁站的时候可能会用到。"

陈伯伯和王阿姨那一天顺利地乘上动车，在天津见到了老朋友，吃了美味的海鲜和狗不理包子，还去了杨柳青博物馆，最重要的是，回来后女儿完全没有发现老两口的天津之旅。当然了，这是在两地都没有任何确诊病例情况下的出行计划。如果有任何不安全因素，老两口一定会乖乖待在家中。不给国家、社会添麻烦，是每个公民应尽的义务。

扫描二维码
观看操作视频

如何在手机上购买火车票的示意图

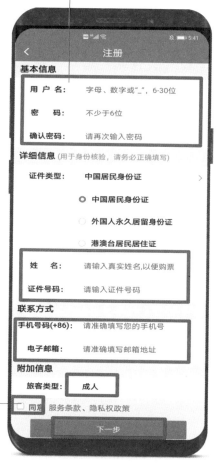

① 下载"铁路 12306"APP

② 按照提示认真填写注册页面的所有信息

③ 别忘记点击这个小方块，选择"同意"

④ 接下来就可以搜索车票信息了。左边是出发城市，右边是到达城市，填好后选择"查询车票"

⑤ 如果只想看高铁／动车，别忘了点击一下右边的方框，选上对勾

⑥ 系统会显示所有符合搜索条件的车次，您可以根据时间安排，选择最理想的车次

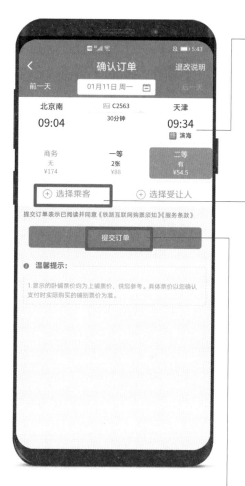

⑦ 当你选好车次后，还要选择座位类型

⑧ 接下来就是"选择乘客"，点击一下，添加乘车人的真实信息（如下图）

⑨ 添加完乘客后，会回到"提交订单"界面。确认信息无误后，点击"提交订单"，然后支付

如何使用手机在网上订酒店

陈伯伯觉得自己从天津回来以后，心就变得野了。年纪越大，越像小孩，这迫不及待想再次出去的心情，和自己小外孙唐唐每天盼着去楼下玩耍的心情，似乎没有什么区别。

特别是邻居老马从承德避暑山庄回来后，说起山庄的种种，陈伯伯更是心痒难耐。要怎么说服老伴呢？陈伯伯演练了很多次，最终还是决定开门见山，反正迂回半天一样要被老伴看穿，不如直接一点节约时间。

对于陈伯伯去承德避暑的建议，王阿姨一点都不奇怪，看他那天向老马打听得那么仔细，这两天又在看去承德的火车票，老头想什么她自然是心里门儿清。

王阿姨也想去承德消消暑，北京的夏天实在是太热了，之所以犹豫，还是担心过不了女儿这一关，老两口琢磨了半天，最后决定还是和天津之行一样先斩后奏，来一段说走就走的旅行。

买火车票对老两口来说已不是问题，只是从来没有在网上订过酒店，又需要两人一起慢慢摸索。

王阿姨知道女儿出差是在"携程"上定酒店，于是两人先下载了"携程"的APP，然后轻车熟路地完成注册，登录。

打开"携程"首页，上面有很明显的"酒店"图标，点开后，王阿姨先选择"国内"，然后在当前位置输入"承德"，再输入入住时间，然后点击"查询"，页面上出现了很多酒店，看得王阿姨眼花缭乱。

王阿姨觉得这么看不行，太费时间，她看到页面上方有"智能排序""位置距离""价格/星级""筛选"几个选项，就试着先点击"位置距离"，因为想住在避暑山庄附近，所以她在跳出的选项中选了"避暑山庄/外八庙区"，点击完成后，跳出了一些酒店，王阿姨又点了"价格/星级"，一旁的陈伯伯就说："难得出去，咱们住好一点，吃好一点，否则还不如不出去呢。"

这点王阿姨倒是赞同，于是价格选了400—500元，"星际/钻级"，选择了"四星（钻）"和"五星（钻）"，点击完成后，王阿姨又点击"智能排序"，选择了"好评优先"，这次总共只有十来家酒

店，王阿姨觉得这数量差不多，然后从排名第一的酒店一家一家往下看，看酒店位置、看酒店价格、看房价中是否包含早餐、看酒店的设施，包括哪年开业、哪年装修，最后再看看住客的评价，在看了五六家酒店后，王阿姨已基本确定了要住的酒店。

王阿姨点开自己看好的两家酒店，发现两家酒店都能到店付，但一家要担保，一家不需要担保，因为是第一次，王阿姨选择了不需要担保的那家酒店，万一有个意外没去成，也不会因此发生经济损失。

为了保险起见，王阿姨在网上订好酒店后，又拨打 APP 上提供的酒店电话，确认自己已经成功预订房间，随后王阿姨收到了"携程"发来的确认酒店预订成功的短信，她终于放下心来。

老两口在承德痛痛快快地玩了两天，酒店很好，还吃了当地特色的美食，陈伯伯为王阿姨拍了很多照片，回来的路上，王阿姨照例在朋友圈发了九宫格，引来老姐妹点赞无数，旅程堪称完美。

扫描二维码
观看操作视频

如何使用携程订酒店的示意图

① 下载并注册"携程旅行"APP

② 在 APP 首页，点击"酒店"

③ 选择入住酒店的时间

④ 在这几个选项中选择自己
心仪的类别（具体见下图）

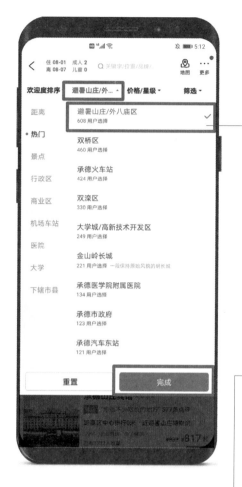

⑤ 在欢迎度排序中，可以选
择住在您想去的热门景区
附近

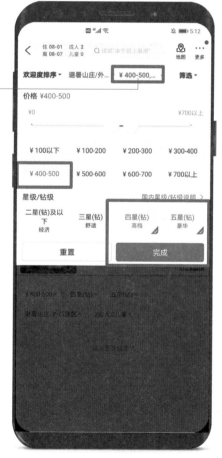

⑥ 在价格 / 星级一栏中可以
选择符合自己预算的价位

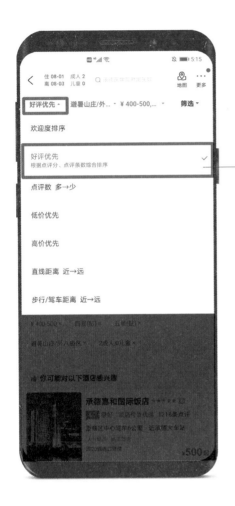

⑦ 在欢迎度排序中选择"好评优先"

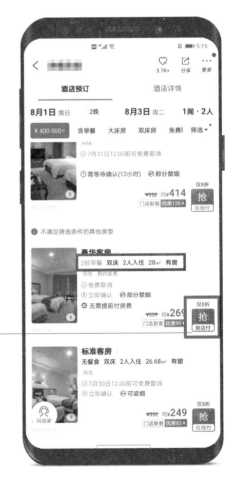

⑧ 再次确认房间大小、床型、是否带早餐、房间是否有窗户等细节，就可以下单支付了。有到店付款和在线付款两种方式，选择您觉得方便的即可

如何使用手机银行

　　这天陈伯伯打完拳，顺路到菜市场买菜回家，到家后还没换好鞋，王阿姨突然问："老陈，咱们要不要去一下银行啊？我记得咱们有两个定期是不是该取了？还有这几个月的工资，虽然每个月都收到银行发的短信，说到我账上了，可是这看不见摸不着的，万一没有怎么办？"

　　陈伯伯点点头："有道理，咱们好久没去银行了，是应该打理一下那点退休金了。虽然说没几个钱，可是有句话说得好，你不理财，财不理你吗。"

　　说去就去，老两口就拿着存折、身份证、银行卡，戴好口罩，溜达到了附近的工商银行。因为老两口的退休金都是发到工商银行卡中，恰好，离家最近的银行就是工商银行，办理业务非常方便。

　　一进银行，陈伯伯和王阿姨先是扫了健康码，四周环顾一下，发现大厅里面没有几个人，王阿姨说："这两年我就发现，银行排队的人越来越少了。"

　　陈伯伯说："外面那一排柜员机，存钱取钱，好像只要数额不超过两万，都可以自助办理。还有那一排机器，能自助办理很多业务，所以在窗口排队的人就越来越少了呗。"

王阿姨陈伯伯正说着，值班经理微笑询问："叔叔阿姨，您二位办什么业务？"

王阿姨说："我们有两张定期存款应该到期了，想取出来，另外想查一下，我们的退休工资到账了没有。然后合并再存一个定期。"

值班经理说："好的，我给您取号。"一边说一边把号递给王阿姨。

王阿姨随口说道："现在到银行办业务排队的人越来越少了，以前的队伍可挺长的。"

值班经理说："是呀，现在好多人都在手机银行上办业务，不需要到银行来。"

王阿姨正在认真学习智能手机，一听这话来了精神，"什么？你是说银行也有 APP？"

值班经理笑起来："阿姨，您懂得真多啊，还知道 APP。是呀，每个银行都有自己的 APP，支持客户在网上办理很多种类的业务。"

王阿姨被经理夸得喜滋滋，笑着说："我也是刚学没多久，姑娘，你能教教我吗？我学会了也不用这样每个月都要跑银行了。"

值班经理说："阿姨，当然可以了。您把手机给我。"

值班经理熟练地找到应用市场，搜索"工商银行"，然后下载到王阿姨手机上，然后跟王阿姨说："我帮您下载了软件，不过好多功能还是要到柜台才能开通，您拿着号，等会儿让柜员帮您开通，然后我再过来教您。"

王阿姨和陈伯伯连声道谢。

前面只有两三个人办业务，很快就排到了。王阿姨和陈伯伯一起来到柜台前，王阿姨坐在椅子上，陈伯伯站在旁边，柜员小姑娘笑容可掬地问："奶奶您办什么业务？"

王阿姨把身份证、银行卡、存折一股脑儿塞到柜台里，说："我这两个定期到期了，我想取出来，再看看我们的退休工资有没有准时到账。"

柜员微笑道："好的，您稍等。"打开存折一看，啧啧赞道："奶奶，您这个五年定期能有不少利息呢……您和爷爷的退休工资这两个账号都是每个月按月到账的，没有问题。"

王阿姨和陈伯伯听完后，一颗心放到肚子里了。

柜员又问："您还需要办什么业务吗？"

王阿姨说："对了，我们想开通手机银行。"

柜员竖起一个大拇哥："奶奶您真棒，与时俱进啊，不过不认识的人一定不要随便转账啊，我给您设个单日转账的限额好不好？一天最多转三千，超出三千，您就等第二天或者到银行来转，这样我们也能帮助您判断一下是不是有危险。"

王阿姨听了很高兴："谢谢闺女，这就放心了，就算万一出了事，三五千也是能承受了的损失。你帮奶奶设五千限额吧。"

柜员一口答应下来，然后让王阿姨和陈伯伯每人签了一份开通手机银行的单子，很快就操作完毕。

这时候，值班经理已经在旁边等候了，把他们引到沙发区，给他们一人接了一杯温水，然后坐在老两口中间，说："叔叔阿姨，我来教您二老如何使用手机银行。我要是哪里没说明白，您二位就问我，我肯定给您讲明白了为止。"

说着，值班经理打开 APP，帮助王阿姨和陈伯伯分别完成了注册和登录，并提醒他们一定要记住密码。

接着，她打开了王阿姨手机中的工商银行 APP，说："您二位的账户界面都一样，我就拿阿姨的给你们做示范，咱们首先找到账户，用手指点一下，您看，阿姨您一共有三个工商银行的账户，全部都在这里，里面的金额您看看对不对？"

王阿姨大吃一惊，她自己根本不记得有三个账户，一看第三个账户里面居然还有几百块钱。简直是意外的惊喜。

接着，经理教给他们如何查看交易明细。"如果您对金额有疑问，就看一下交易明细，明细里面会显示这笔钱您是在哪里花的。"

王阿姨频频点头，"那怎么转账呢？"

经理在界面上方找到了"转账"一栏，点开："阿姨，您看到了吗？在这几栏里依次按提示填入相关信息，对方姓名、转入账户、转出账户、金额。都填好了，点击最下方红圈里的下一步，按照提示输入短信验证码，确认后就可以转账啦。一定不要轻易给不认识的人转账。转账前要仔细核对好对方姓名、账号和金额。如果转错了就立刻拨打银行客服电话，请客服帮忙处理。"

王阿姨连连点头："放心姑娘，一定不会。阿姨可不是那种被骗了还帮着骗子数钱的老糊涂。"

经理被她逗得笑起来："是啊是啊，阿姨这个岁数了还会用手机银行，年轻的时候肯定也是特别能干。"

经理最后叮嘱了一句："用完记得点左上角红圈里的退出，当然，就算您忘记了，过几分钟，系统也会自动退出，我们的软件会尽可能保证用户安全。"

扫描二维码
观看操作视频

陈伯伯和王阿姨连声道谢。这一上午一转眼就过去了，王阿姨和陈伯伯觉得太充实了。

如何使用工商银行 APP 的示意图

① 下载"中国工商银行"APP

② 第一次登录需要注册、开通账户。有的银行需要在柜台开通网上银行和手机银行，涉及资金安全最好到您所在银行了解清楚，并在家人陪同下完成

③ 输入手机号，选择同意下
　方服务协议和用隐私政策

④ 在"我的账户"中可以查
　到所有您名下的该行的所
　有账户

⑤ 点开"我的账户"后能看
   到您的银行卡和余额

⑥ 点开任意一个账户,可以
   查询明细,转账汇款、挂
   失账户等等

⑦ 回到首页，可以看到这里
也有一个转账汇款

⑧ 点击"转账汇款"，进入
转账汇款的页面，我们这
里只介绍境内汇款，按照
指引分别填入"收款人姓
名、收款卡号、选择收款
银行（点击此行最右侧箭
头）输入金额、选择付款
的银行卡，然后点击下一
步"完成汇款

⑨ 使用完后不要忘记退出APP，当然，如果忘记，过几分钟就会自动退出，不过还是养成习惯为好

手机丢了怎么办

　　陈伯伯的手机丢了。在地铁上，陈伯伯就觉得有人一直在往自己身上挤，还听到了什么东西掉到地上的声音，当时也没多想，等下了车，一摸口袋，手机没了。用甜甜的手机拨打自己的电话，没人接听，陈伯伯一下慌了。

　　现在的智能手机，不像从前，最多也就损失一个手机，现在一旦手机丢失，微信钱包里有现金，有的还绑定了银行卡，各种APP、聊天记录中还有自己的信息，手机丢了，损失不可估量。

　　陈伯伯急得团团转，只听说过别人手机丢了损失惨重，可手机丢后该做些什么减少损失，自己却是一点也不知道，好在这次跟陈伯伯一起出来的是小能手甜甜。

　　甜甜拉住在原地打转的姥爷，拿出自己的手机，对陈伯伯说："姥爷，手机丢了，第一步，先打电话给电话运营商挂失，您手机卡是电信的，打 10000，先挂失。"

　　甜甜拨了中国电信 10000 的电话号码，通过身份认证，很快办好了手机挂失，甜甜告诉姥爷，这是手机丢失后最重要的一步，需要第一时间立即向运营商挂失，挂失后，坏人就不能通过手机短信验证码，进行盗刷了。

甜甜问姥爷："姥爷，您有开通网上银行吗？如果开通了网上银行，咱们还要打电话给银行，冻结手机网银。"

陈伯伯连忙摇头："没有没有，你姥姥说她的银行卡开通网银就可以了，我的就没有开通。"

甜甜也是舒了口气："那还好，要不第二步就要挂失银行卡。不过咱们还有很重要的事情，先得把微信的密码改了，然后在微信里通知亲朋好友，自己的手机被盗了，如果有人问大家借钱什么的，千万不要相信。"

陈伯伯张大了嘴巴："啊？还能这样做？我可是从来不借钱的。"

甜甜把自己的手机交给陈伯伯："姥爷，用我的手机登上您的微信，找到'设置'—'账号与安全'—'微信密码'，然后根据提示先把密码改了。您的微信钱包中是有钱的，咱们把支付密码也改了，找到'我'—'支付'，然后在右上角找到三个点打开，在'修改支付密码'中按提示修改密码。等密码都修改完成了，咱们再看看微信记录，看有没有奇怪的聊天记录。支付宝也是一样的处理方式，在'我的'里面点开右上方的设置图标，在'账号安全'中修改登录密码和支付密码。"

陈伯伯在甜甜的协助下，修改了微信、支付宝密码，很幸运，甜甜担心的

事情并没有发生，陈伯伯在朋友圈发了自己手机被盗的信息，又给微信好友群发了消息，告知好友自己的手机被盗，有任何借钱相关的信息请不要相信，有事请与本人直接联系，等等。当所有的信息都发送完成，陈伯伯才终于放下心来。

甜甜还告诉姥爷："如果只修改密码您还不放心，咱们可以冻结账号，譬如微信，还是在'设置'—'账号与安全'—'微信安全中心'—冻结账号，等手机找回来或者咱们换了新手机，在'冻结账号'下面有一个'解冻账号'，点击后账号就可以重新使用了。"

"姥爷，咱们现在去报案，现在地铁上都有摄像头，说不定能把手机找回来。"陈伯伯觉得甜甜说的有道理，于是两人又一起去报案，向警察详细说明了手机丢失的时间和地点，并留下了自己的信息，然后回家等消息了。

陈伯伯对手机找回并没抱太大的希望，不过对老伴的怒火却是有着充分的心理预期。没想到过了两天，地铁工作人员打来电话，说手机找到了，这时的陈伯伯正在电信营业厅办理甜甜交代的最后一件事，到营业厅处补办手机卡。

幸亏是有惊无险，没有什么损失，但经过这次事件，陈伯伯听邻居们讲了好多因为丢失手机而损失惨痛的事故，甚至有一个信息安全专家丢了手机，被犯罪团伙恶意盗取了信息，他一系列的正确操作都没能避免银行卡被全部盗刷的损失。

扫描二维码
观看操作视频

如何修改微信登录密码的示意图

① 丢失手机后先借用亲戚朋友的手机登上自己的微信，先点击"我"，再点击"设置"

② 点击"账号与安全"

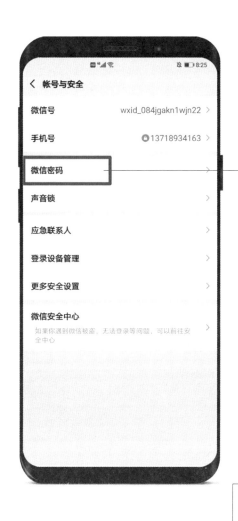

③ 点击"微信密码"

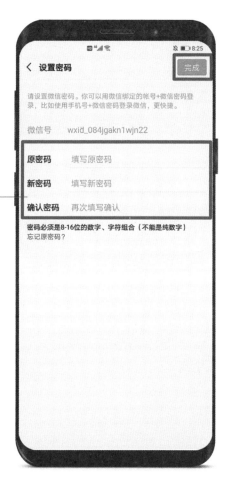

④ 输入原密码和新密码，然
后点击"完成"

如何修改微信支付密码的示意图

① 在"我"界面，点击"支付"

② 点击支付页面右上角的三
个点

③ 点击"修改支付密码"

注：以上仅以修改微信、微信
　　支付密码为例，如果丢失
　　手机，要在第一时间挂失
　　手机卡、银行卡，修改各
　　个软件的支付密码，尽量
　　避免更大的损失

如何冻结微信账号的示意图

① 如果还是不放心，可以冻结账号。回到"账号与安全"界面，点击"微信安全中心"

② 再点击"冻结账号"，按照手机提示完成冻结

换新手机不求人

　　王阿姨心情很好，因为周末老两口带着外孙女逛商场，老伴给她换了一个新手机，还是华为的。本来手机刚买不到一年，用得挺顺手，完全不用换新的，可是甜甜眼睛尖，看到电器那边说有个什么活动，拿旧手机加很少的钱就能换新款，特别划算，陈伯伯就做主给换了。

　　拿到新手机后，王阿姨很是兴奋，不过马上又开始犯愁了，旧手机中有好多照片，微信中有很多有用的收藏，还有通讯录中很多老朋友的联系方式，丢失了可不得了。王阿姨想起上次换手机用的是笨办法，通讯录一个一个输进新手机里，整整搞了一个多礼拜，弄得头晕眼花，结果还有好几个电话号码给输错了。

　　王阿姨一想就头疼，再说了，这商场的工作人员，站在这里等着回收呢，也不能一个一个输吧。现在手机这么智能，难道就没有一种能把旧手机的信息直接导入新手机的方法吗？王阿姨把自己的困扰告诉了外孙女甜甜，甜甜睁大眼睛："姥姥，这个太简单了！我来帮您，我有秘籍。"

　　甜甜先去工作人员那里问了 WiFi 和密码，然后让王阿姨将新旧手机都拿出来，将旧手机中的手机卡拿出装在新手机中，新旧手机都开机后，甜甜在新手机的"应用市场"中输入"手机克隆"，然后下载安装，又打开旧手机，也在旧手机的"应用市场"中输入"手机克隆"，进行安装。王阿姨有些奇怪："我的旧手机没有卡了，也能安装啊？"

"可以的，姥姥。"甜甜一边下载一边回答王阿姨："没有电话卡，依然可以上网啊，姥姥您下次下载的时候，一定记得都调整到家里的 WiFi，我上次就是没调好，用了手机流量，花了十几块钱呢。"

这时，"手机克隆"APP 已经安装好了，甜甜拿起新手机，打开"手机克隆"，点击"这是新设备"，手机上出现了"选择旧设备类型"，下面有"华为""其他安卓""IOS"三个选项，甜甜告诉陈伯伯："姥姥您的旧手机是华为，咱们就点击'华为'，如果是苹果，就点击'IOS'，其他的就点击'其他安卓'"。

甜甜选择"华为"后，手机上出现了"关闭移动数据"，甜甜告诉姥姥："咱们要选择关闭，否则就会耗费手机流量，会产生流量费。"选择关闭移动数据后，手机上出现了一个二维码，甜甜这时候又拿起旧手机，也打开"手机克隆"，不过这次是点击"这是旧设备"，然后用旧手机扫了一下新手机上的二维码，旧手机就开始往新手机传输数据了。

约莫半个小时后，手机显示信息传输完毕，王阿姨惊喜地发现自己的新手机上有了旧手机上所有的信息，常用的 APP 有了，微信中收藏保存着，老伴拍的美照一张也不缺，通讯录上的电话也都在，真的是好神奇啊。王阿姨乐得合不拢嘴："原来你说的秘籍就是手机克隆啊，真是厉害。"

"姥姥，你看看旧手机的内容是不是都倒到新手机上了？不是要把旧手机回收吗，如果确认无误，咱们把旧手机格式化一下，把使用数据都清除掉，这样安全。"甜甜准备再教姥姥一个新技能。

果然，王阿姨问了："什么叫格式化？"

甜甜说："特别专业的说法我也不知道，格式化之后就能把旧手机上的所有使用痕迹都消除了。这样比较安全。"

在王阿姨确定需要的信息都导入新手机后，甜甜拿起王阿姨的旧手机，打开"设置"，找到"系统和更新"，再点击"重置"，然后点击"恢复出厂设置"，最后点击"重置手机"，很快就完成了手机格式化。

扫描二维码
观看操作视频

"甜甜真是厉害！"陈伯伯和王阿姨看着外孙女这么能干，比用上新手机还高兴。

如何使用手机克隆的示意图

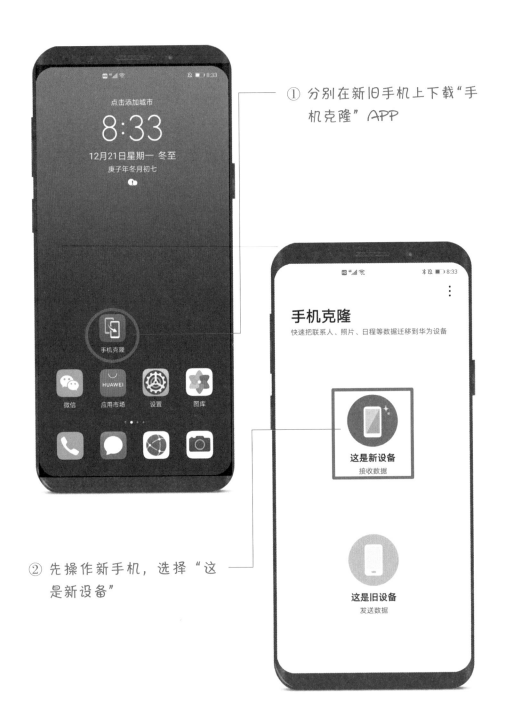

① 分别在新旧手机上下载"手机克隆"APP

② 先操作新手机,选择"这是新设备"

③ 新手机会出现一个二维码，用旧手机扫描此二维码

④ 打开旧手机上的"手机克隆"APP，选择这是旧设备

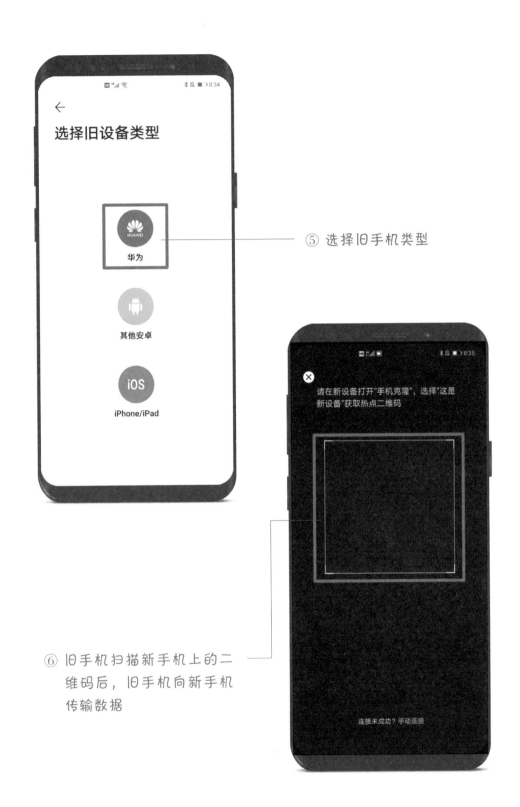

选择旧设备类型

华为

其他安卓

iOS
iPhone/iPad

⑤ 选择旧手机类型

请在新设备打开"手机克隆"，选择"这是新设备"获取热点二维码

连接未成功？手动连接

⑥ 旧手机扫描新手机上的二维码后，旧手机向新手机传输数据

如何格式化旧手机数据的示意图

① 找到"设置"，点击"系统和更新"

② 点击"设置"

③ 再点击"恢复出厂设置"

④ 最后点击"重置手机"，旧手机上的使用数据就会被格式化

第三章　防诈骗篇

六合彩　高额话费

网上速配　虚假短信　挂机挣钱

窃取银行卡信息　诈骗追回

互联网上能理财

……

电话里突然出现的熟人

　　每个月总有那么一两天，陈伯伯会翻看和战友一起拍的旧照片，给老伴讲讲自己和战友间的往事。

　　这天，他刚拿起相册，电话铃突然响了，陈伯伯接起电话。

　　陈伯伯"喂"了两声，听筒那端却没有声音，陈伯伯正要挂断电话，对方却突然开口了："老陈，猜猜我是谁？"

　　陈伯伯怔了怔，这声音普通话极其不标准，有着浓重的南方口音，听着有些陌生，但又好像记忆中听过这样的声音。

　　陈伯伯仔细回想到底是谁的声音，对方爽朗地笑了起来："老

陈，连我的声音也听不出来了啊？"

陈伯伯脑中灵光一现，当初在军营的时候，班里有个南方的战友，普通话就极其不标准，大家平日里没少嘲笑他的口音，说话就是这味儿。陈伯伯大喜："是小方吧，方军，对不对？是你吧？"

"可不就是我！"对方也很是欣喜："老陈，难得你还能听出我的声音。"

"你的声音这么特别，就算是再过五百年我也能听得出来。"陈伯伯哈哈大笑："小方，不，现在是老方了，你这几年怎么都没有消息，在干吗呢，去年老战友聚会也没来。"

"别提了！"方军的声音听着有些颓丧："等咱们见面了再说吧。"

陈伯伯大喜："你要来北京？什么时候？"

"我现在已经在去北京的路上了，这车都开过保定了，再过几个小时就到北京了，到时候咱们好好聚聚。"

"好好好！"陈伯伯欢喜得几乎跳了起来："我把我家的地址发给你，你先到家坐坐，然后我请你吃饭，咱们好好叙叙旧。"

"好，咱们先加个微信，方便联系。"两人又聊了几句，方军挂断了电话。陈伯伯用方军的手机号，加了方军的微信，然后将家里的地址发给了方军。

放下电话，陈伯伯便开始收拾家里，并告诉王阿姨老战友要过来，让王阿姨在附近找家上档次的饭店，定好包房，今天要和老战友好好聚聚。

陈伯伯收拾完屋子，觉得时间过得好慢，这时候手机突然响了，是方军，声音火急火燎的："老陈，我这里出了车祸，撞了一个老人，现在已经送去医院了，我可能过不来了。"

老陈也急了："怎么就出车祸了呢，对方伤得怎么样？你自己呢，你人没事吧？"

"我没事，对方也还好，刚刚拍了片子，骨折了，需要动手术，老陈……"方军犹豫了一下，欲言又止，陈伯伯听出了方军语气中的犹豫，直接问："你有什么为难事，直接说，我们是老战友，有什么不能说的。"

"是这样，"方军说得吞吞吐吐："手术要交3万块钱押金，我手上一下子没这么多钱，你能不能……"

"你缺多少？我打给你。"陈伯伯毫不犹豫。

"我自己有两万，如果你能给我一万，应该就够了。"说完方军又补充了一句："如果不方便，五千也行。"

"没有什么不方便的，我马上微信打给你。"陈伯伯挂断电话，就着手汇款，他微信中零钱包中是有钱的，不过只有几百块，微信也没有绑定银行卡，大金额的转账，还得找王阿姨。

王阿姨听陈伯伯介绍了情况，没有立刻答应转账，而是问陈伯伯："你能确定对方是老战友？"

"能啊，那声音，我一听就听出来了，就是方军，那口音太有特色了。"陈伯伯很肯定。

"南方人的口音，北方人听起来都差不多。"王阿姨很冷静："你问问他，你们当兵时的班长是谁，指导员是谁，说准了，那就是，说不出来，那就是骗子。"

"这不行。"陈伯伯坚决不答应："如果对方是方军，我这么做，不是打对方脸吗，太伤感情了。"

王阿姨心生一计："那这样，我教你一招，既能识别骗子，又不伤感情。"

陈伯伯虽然认定了对方就是自己的老战友，但既然老伴很坚持，也不伤感情，那就试一试吧。因为担心自己的演技不过关，陈伯伯选择了微信，他发了一条消息给方军："刚才正好丁班长来微信了，听说了你的事也很着急，我把你的微信给他了，他一会儿加你，他是大款，你不要和他客气，钱不够，直接管他要就行了。"

"好的，谢谢你们。"对方的微信很快过来了："当时在部队的时候，你和丁班长就对我很关照，现在也是，真是太谢谢你们了。"

陈伯伯当时的班长根本不姓丁，而是复姓慕容，就算时间久了，也不可能把姓记错。陈伯伯仔细回想了一下刚才的声音，越来越觉得和方军的声音不像，果真是骗子。

陈伯伯立刻拨通了方军，不，骗子的电话，对方声音听起来隐隐地有些小兴奋："老陈，丁班长怎么还没加我微信，你把他的手机号给我，我来加他吧。"

"我刚才打字打快了，咱们班长不姓丁，姓杜，你不会连班长姓什么都忘了吧?"陈伯伯不动声色。

"哎呀，都是被你给带歪了，怎么会不记得，杜班长嘛。"骗子反应很快。

不过陈伯伯不会再被他骗了，他大吼一声："你这个骗子，我的班长姓慕容，根本不姓杜，你好大胆子，居然骗到我头上来了，你等着，我要报警，把你这个骗子抓起来。"

听筒那端传来了电话嘟嘟的声音，骗子挂断了电话。再打，关机了。陈伯伯气冲冲地看着手机不说话，一旁的王阿姨劝道："别生气了，好在也没什么损失，以后遇到这样的电话、微信，多一个心眼儿，特别是涉及金钱转账的，一定要核实对方信息后才能付款，你看今天多险啊。"

"是啊，这人怎么都这么坏！幸亏你多个心眼儿。"陈伯伯想想都有些后怕："不行，我得给电信打电话，标注这电话是骗子，可以提醒其他人，免得再有人上骗子的当。"

吃一堑，长一智，陈伯伯决定再也不相信电话里突然冒出米的老熟人了。

高收益伴随高风险

王阿姨觉得老伴最近有点古怪。

从前老陈在家根本待不住，不是出去打拳，就是出去下棋，哪怕出去闲聊也不愿意待在家里。但现在，他除了早晨出去打拳，几乎不出门，每天捧着个手机看个不停，还时不时地对着手机笑出声来，很是反常。

更反常的是，王阿姨生日，老陈居然送了自己一根 24K 的黄金项链做礼物。几十年的老习惯了，王阿姨是家里的财务主管，严格管控着陈伯伯的零花钱，到底是哪来的钱买礼物呢？问他他也不说，只说有礼物你就收着，难道我这么大岁数了还能去偷去抢不成。话没问出来，脾气还挺大，这不讲理的劲头把王阿姨气得够呛。

终于有一天，当老陈再次对着手机不停地刷新时，王阿姨终于忍不住了，一把抢过老伴的手机："让我看看你一天到晚到底在手机上看什么。"

居然是红红绿绿的股票行情，王阿姨忧心忡忡："老头子，你炒股了？这炒股有风险，你忘了女婿那年炒股，差点儿把半套房子都赔进去了，前车之鉴，你可得记住教训啊。"

"我没有炒股，是一个理财产品，由专业团队操盘，也会教投资者一些股票、债券、保险投资的小知识，老师正在教我们怎么看K线呢，别闹，你把手机还给我。"

王阿姨有些意外："你买理财产品了？哪来的钱？哪里的理财产品，可不可靠？电视新闻上说了，很多理财产品都是骗子，前一段可有人跳楼的，你不懂可别瞎买啊。"

"我最近把烟酒都戒了，还有女儿女婿给的零花钱，加上你给的零用钱。"陈伯伯理直气壮："隔壁老杜介绍的理财产品，我一共买了两万，两个月，已经赚了快3000了，而且随时可以提现，买项链的钱就是账户提出来的。你说的新闻我也看了，那些理财产品，买进去以后根本提不出来，我买的产品不一样，随时可以提现，如果是骗子，怎么可能让你随时提现？"

陈伯伯说完从王阿姨手中抢回手机，打开一个APP给王阿姨看："就是这个平台，你看，还有名人站台，人家名人也是讲信誉的，能给骗子站台？"

王阿姨看着APP上陈伯伯说的名人的照片，慈眉善目，看着有点眼熟，于是问："这人是谁？看着倒是有些眼熟。"

"国内著名经济学家，某证券公司的首席，据说还是国家智库的专家之一。"陈伯伯压低了嗓音："就是特牛的一个人，所以他操盘的理财产品也特别牛，收益特别高，这理财产品，上一年的收益超过了150%，今年股市行情一般，所以收益要差点儿，不过到年底翻倍还是没问题的。"

王阿姨听说收益超过150%，立刻警惕了起来，前天去银行看到宣传册上说，高收益高风险。这理财的收益比高利贷还高，听着怎么都不靠谱，可老伴已经拿到了收益，直接让他退出来，肯定不高兴。

王阿姨仔细想了想，有了主意："既然你说这产品这么好，咱们追加投资吧，孩子们还在还房贷，压力大，咱们多赚点钱，也好补贴他们一些，早点把房贷还了，心里也轻松。"

"追加多少？"陈伯伯搓了搓手，很兴奋。

"把咱们的活期存款都投了吧，有二十几万呢，投资收益百分之百，这一年下来也有二十万，比存在银行收益可高多了。"

听说老伴这么说，陈伯伯犹豫了，"这全部都投下去，风险也太大了，咱们还是保守一点，投一半，十万吧。"

看来老伴还没有完全失去理智，王阿姨继续往下演："你说得对，咱们保守点，一定要确保资金安全，你说这投资的钱随时可以拿回来，可你毕竟拿回来的是收益，咱们再试试本金能不能拿回来，如果真像他们承诺的，能随时拿回来，咱们再加大投资。"

陈伯伯觉得王阿姨说

得有道理，自然同意："你说得有道理，等股市收盘了，咱们就提现，把本金都拿回来，现在拿回来，当天收益就没了，多可惜。"

在等股市收盘的时候，陈伯伯给王阿姨看了理财产品的微信群，群里有四五十个好友，发言还挺踊跃，不时有人晒收益，让人看着心痒痒的。

陈伯伯等股市收了盘便开始提现，按照之前的经验，提现流程结束后不到三十分钟，款项就到自己的微信账户了，但这次很反常，过了一个多小时，钱还是没有收到，查询提现流程，一直反馈"提现中，请稍后。"陈伯伯对王阿姨解释："可能这次提的款项比较大，所以慢一点。"

王阿姨淡淡地："APP 上说这理财产品卖了几个亿呢，这两万块可连零头都算不上。"

又等了一个多小时，还是没有到账，陈伯伯想了想说："大概今天系统有故障，我问问。"

陈伯伯在群里发了条消息："我今天想提现，不是说半个小时到账吗，为什么两个多小时了，还没到账？"发完还 @ 了群主。

群主立刻答复："陈伯伯，您为什么要提现啊，这么好的收益，放弃太可惜了，这产品很抢手，你退了以后不一定能买上了，想清楚再退啊。"

其他群友也纷纷劝陈伯伯，更有人现身说法，退了这理财产品，后来根本买不回来，就算买回来，费用也上去了，损失了不少。

听着这些群友的话，陈伯伯反而有些心虚了，自己不过说正常提现，怎么所有人都劝自己不要提现？反常即是妖，这群里说话的不会是托儿吧？

王阿姨从陈伯伯手中接过手机，发了一条微信过去："是我老伴想追加 20 万投资，但又担心不能随时提现，想试试提现能不能随时到账。"

微信发过去没多久，陈伯伯收到了提现成功的短信，买理财产品的 2 万块钱加上投资收益，都回到了陈伯伯账号中，不过陈伯伯这一次再也没有追加投资，而是去公安局报了案。后来听办案的民警说，陈伯伯所在的投资群，只有陈伯伯一个是真的投资者，其他群友居然都是托儿。

陈伯伯算是幸运，拿回了本金，甚至还有一些收益，但其他老人可就没有这么幸运了，警方虽然破获了这个诈骗集团，但钱有些被汇往海外，很难追回来，有些被集团成员消费殆尽，很多老人一辈子的积蓄就这样打了水漂，真是太惨了。

陈伯伯从此以后再也不相信所谓的高收益了，他记住了老伴的一句话：高收益伴随的一定是高风险，投资一定要谨慎，安全第一。

保健品的"坑"

    王阿姨最近血压有点高。每到季节交替，王阿姨的血压便不稳定，特别是秋冬交季，血压总是忽上忽下，到了晚上，还会突然飙到很高，还伴有头晕、恶心、心跳加速，弄得王阿姨整个人蔫蔫的，连最爱的广场舞也有一个多礼拜没有去跳了。

    没过两天，王阿姨的邻居季大姐来探病。王阿姨将血压不正常的事告诉了季阿姨，并有些奇怪地问："我记得你血压也高，还有糖尿病，去年这个季节，反应比我还大，但我看你今年状态还不错，是换高血压药了吗？"

    "不是！"季大姐摇了摇头，略显神秘地说："最近有朋友给我推荐了一种保健品，我吃了半个多月，觉得效果很好，我这周开始把糖尿病的药都停了，观察一个礼拜，如果血糖没事，我准备下周把高血压药也停了。"

    王阿姨吓了一跳："这停药得听医生的，可不能随便停药，弄不好要出大事情的。"

    "这保健品就是医生发明的，还是全球知名的医生。"季大姐说完拿出手机，打开一个微信公众号，指着一个头像对王阿姨说："他是哈佛大学的博士，专门研究高血压、糖尿病这些慢性病，他推出的保健品，就专门针对这些世界难题，并且取得了突破性的进展，这款保健品在全球都很畅销，最近刚刚引进国内。"

王阿姨眼见着平时稳重内向的季大姐双眼放光，说话一套一套的，加上季大姐自己试过药，确实也起作用了，便被她的情绪感染了，兴奋地接过季阿姨的手机，仔细看了看公众号。公众号做得还挺精致，内容也不少，主要是介绍创始人、产品，还有大篇幅的客户用过后的评价，写得极为生动感人，看得王阿姨也即时有了购买的冲动。

不过，王阿姨到底是做过医院护士长的，看后便问季大姐："你有带他们的产品吗？给我看看。"

"有有有！"季大姐拿出一个药瓶："就是这个，听说你血压不正常，我就想着带给你试试，你先吃吃看，如果吃得好，我带你去买，也可以直接在公众号上的链接买，不过如果有人推荐，可以打折。"

王阿姨仔细看了看保健品的外包装，立刻发现了问题，季大姐一直说这是保健品，但包装上没有保健食品必有的"卫食健字"或是"国食健字"，也没有保健食品特殊的标识"蓝帽子"，换言之，这根本不是保健品，或者说是没有取得国家批文的保健品。

王阿姨问季大姐："这一瓶要多少钱啊？"

季大姐告诉王阿姨："一瓶原价888，买得越多，折扣越高，我因为想着先试试，所以买了三瓶，八折，这不周边有很多老姐妹都有高血压、糖尿病，先吃着试试看，如果吃着有效果，咱们就合起来多买点，十瓶以上可六折，如果五十瓶以上，可以四折，也就三百多，一瓶能吃一个多月，一个月三百，贵是贵了点，但也不是吃不起，把病治好了，再贵也值啊。"

这商家也够黑的，就这连保健品也算不上的东西，居然要卖八百多，再说高血压和糖尿病怎么可能用一种药呢？可不能让好邻居再上当了。王阿姨把自己的发现告诉了季大姐，季大姐根本不信："这是进口保健品，可能就没有你说的蓝帽子，而且不只是我，我好几个姐妹吃了都说很有效果，血压也不高了，身体也轻松了。"

王阿姨知道光靠自己很难说服季阿姨，季大姐的感觉确实存在，但这很可能是心理作用，说白了，这就是安慰剂，可不要小瞧了这安慰剂，有时候比药还管用呢。

王阿姨想起今天正好有社区医院的专家来小区义诊，于是拖着季大姐便去找医生义诊去了。一位医生给王阿姨、季大姐量了血压，测了血糖，结果让季大姐大吃一惊，她的高压已经飙到了170，血糖更是高得离谱，一把年纪的老医生有些吃惊地看着季大姐："你血压血糖这么高，平时有吃药吗？"

季大姐便将保健品给专家看，说自己在吃这种保健品，感觉不错，高血压药就停了。专家看后苦笑："你们这些老年人，外面随便什么人说的话你们都听，这听都没听过的药也敢吃，可

医生的话你们偏偏不听，医生开的药也不吃，这哪里是保健品，这就是淀粉做的，含糖量还很高，你是糖尿病人，还敢瞎吃，还好吃得时间短，时间长了，真的要出大问题了。"

咨询完专家，季大姐气得手都在发抖，这就要去找骗子拼命，王阿姨拉住了她："这骗子都是团伙作案，咱们不能和他们硬拼，咱们先报警。不过现在你马上给推荐过这款保健品的朋友们打电话，告诉她们千万别再吃这药了，更不要买这个药。还有那个介绍你吃这个药的姐妹也是，她肯定也推荐了不少人。这些骗子，还真是撒了一张大网啊。"

"对对对，我赶快给她们打电话。"季大姐拿出手机，一个一个打电话，好在大家都还处在试药阶段，真正买的还真没几个，季阿姨终于长舒了一口气。

季大姐想想都后怕，幸好王阿姨及时制止了她，否则还不知道要出什么事呢。这专业的事啊，还真得听医生的。

网恋也要防诈骗

每个月的第一天，陈伯伯都要和老战友胡伯伯小聚。

两人喝点小酒，聊聊天，怀怀旧，是陈伯伯最放松的时刻。王阿姨也很喜欢老伴的这个热心爽快的老战友，当初自己刚搬来北京的时候，是胡伯伯领着两人熟悉环境，办证件，连房子周遭的菜市场、超市都打听得一清二楚。所以每次陈伯伯和胡伯伯小聚，王阿姨从来不打扰，因为胡伯伯的老伴几年前因病过世，王阿姨还会提前准备点心小菜让陈伯伯带给老战友。

明天又是一号，王阿姨忙着做明天带给胡伯伯的卤味和大肉包，陈伯伯看着忙碌的老伴，感慨道："下个月说不定你就不用这么忙活了，马上就有人给老胡做饭了。"

王阿姨立刻反应了过来："老胡找到伴了？"见老伴给了自己肯定的答复，也很高兴，又有些好奇："老胡找了个啥样的？怎么认识的？"说完又感慨道："谁找了老胡也是个有福气的，又能干又热心，脾气也好。"

王阿姨爱操心，第二天的小聚她也一定要去，用她的话说就是给老胡掌掌眼。

胡伯伯倒是很欢迎王阿姨的到来，对于王阿姨的好奇也是有问必答："她是广州的医生，比我小五岁，在一个群里认识的。我觉得她讲话特别有深度，仿佛能说到人心里去，就试着加了好友，没想到她通过了。开始也只是想做朋友，没想到越聊越投机。后来知道她也是一个人，丈夫几年前也是因病去世了。我就大着胆子追求她，开始还不太敢，还是她给了我勇气。交往了几个月，觉得还可以，最近就把关系确定下来了，第一个通知了老陈。"

居然还是网恋，王阿姨看着胡伯伯脸上洋溢的笑容，也很高兴，不过又有些担心："她在广州，你在北京，你们以后准备怎么办？"

"我们都商量好了，我反正都退休了，孩子也在国外，没有什么负担，南方气候好，适合养老，我准备把这里的房子卖了，搬去广州。"

王阿姨和陈伯伯都吓了一跳，陈伯伯更是担心："搬去广州也就算了，怎么还要把房子卖了？万一你俩以后不好了，你连个落脚的地方也没有。"

胡伯伯笑道："怎么会不好？小萍人很好，对我也很关心，我的衣食住行，她都替我操心，我们都商量好了，小萍的朋友是开高端养老院的，在全国各地都有分院，我们在他那里办个 VIP 卡，以后就住养老院，

既可以旅游，又有专人服务，不比守着北京的老房子强？"

王阿姨和老伴对视了一下，眼中都露出了担心的神色。陈伯伯正要开口，王阿姨止住了他，先开口问："说了这么半天，还没见过你的小萍呢，把照片给我们看看，看看是哪方神圣，居然把你迷得连北京都不待了。"

胡伯伯听了并不生气，反而将手机打开，找出小萍的微信，点开头像，献宝似的给两人看："小萍不爱照相，这是几年前的照片，也是唯一的一张。"

王阿姨和陈伯伯凑近了仔细看着照片，两人又对视了一眼，照片有些旧，朦朦胧胧的，但看得出照片中的女子，温婉大方，是个很有吸引力的知性女人。

王阿姨仔细看着照片，总觉得这照片在哪里见过，她盯着照片看了许久，终于想起来，之前在一起跳舞的小姐妹群中就有一张类似的照片。那张照片的色彩更艳丽些，但照片上女子的眉眼、发饰基本是一样的。小姐妹说那人是个网红，虽然年纪大了但气质极好，在小众圈子里很有人气。

王阿姨拿出手机，翻出小姐妹群中的照片，经过仔细认证，果然是同一个人，王阿姨再看着红光满面的胡伯伯，心里真是五味杂陈。

王阿姨决定确认一下心中的疑问，问胡伯伯："你们除了微信聊天，有见过面吗？"

胡伯伯摇了摇头："我倒是想跟小萍视频，不过小萍说视频聊天怪怪的，反而不如打字聊天自在，还说文字比声音更美，更有魅力，我也觉得有些话说不出口，用文字反而好表达。"

王阿姨没有把自己的发现立刻告诉胡伯伯，她看胡伯伯的眼神，就知道如果自己鲁莽地说出自己的发现，胡伯伯根本不会信。不是有人说过吗，恋爱中的男女都是傻子，智商基本为零。

王阿姨不动声色，从陈伯伯口中套出了很多小萍的信息，回来后将自己的发现告诉了陈伯伯，让陈伯伯稳住胡伯伯，让他千万不要卖房，又找了在反欺诈中心工作的邻居王警官，还找了在广州的朋友去调查这家养老中心，三管齐下。

最终，在王阿姨收集的证据面前，胡伯伯从一开始的根本不信，到半信半疑，到最终心灰意冷，承认自己被骗。王阿姨看着面如死灰的胡伯伯，心里真是恨透了这些骗子。

有时候，感情的欺骗，比金钱的欺骗更伤人。

玩手机不能过度

　　王阿姨一早起来，就觉得脖子不舒服，有点头晕，这症状肯定是多年的颈椎病犯了。陈伯伯心疼老伴，赶紧拿了毛巾包上热水袋给王阿姨热敷，然后主动去厨房做了早饭。

　　刚刚吃完早饭，就听到有人在敲门。"当当当，当当当。"

　　这个时间敲门的，肯定是快递，陈伯伯一边嘟囔着，一边打开监控看，果然是负责这个小区的快递员。陈伯伯拆开快递，又是一瓶眼药水。

　　这是最近王阿姨买的第四瓶眼药水了。"现在的药怎么越来越不好用？"王阿姨一边点眼药，一边跟老伴抱怨。

　　陈伯伯等王阿姨试用完新眼药水后跟她说："老伴，我看不是眼药水的问题，是你手机看得太多了。"

　　最近陈伯伯说了好几回让王阿姨少看手机，王阿姨都不太高兴，看手机也不是为了自己一个人，起码网购买的东西都是全家用的。这次当然还是不服气："我觉得没有看很多啊，我每天要洗衣服、做饭、收拾卫生，跳舞，周末还要去婷婷家。"

　　陈伯伯说："这样吧，你也别跟我犟，现在不是早晨吗，你就正常作息，我负责把你今天的时间表记录一下，到晚上再看你玩手机的时间多不多。"

王阿姨自信地说："记录就记录，我自己每天干点啥我还能没数吗。"说着，点开了淘宝，去给眼药水确认收货，分享评价去了。

陈伯伯过了一会儿再看，王阿姨还在逛淘宝，不过这会儿已经开始在逛家居饰品了。陈伯伯没说话，默默在纸上记录：购物，一个小时。

王阿姨突然问："老陈，你上次说你弟最近得了孙子，我算着日子已经满月了，咱们给他们拨个视频电话，看看孩子啥样？"

半个小时后，陈伯伯在视频的欢声笑语后又默默在纸上记了一笔。

十点半是陈伯伯拳友一起打拳的时间，陈伯伯邀请王阿姨去观战，王阿姨说颈椎不舒服不想出门，一边说一边打开投影，追起了婷婷推荐的电视剧。

陈伯伯打拳归来，王阿姨想起两人的约定，赶紧关掉手机，起身去厨房做饭。陈伯伯说："我来做饭吧，你去闭着眼睛休息一会儿。"王阿姨感动地说："还是老伴对我好。"然后回到沙发上，滴了眼药水，躺下，一边闭目养神，一边听着有声书。竟然不知不觉睡着了。陈伯伯做好饭出来，看着这幅情景，摇摇头，又把这个时长记录下来。

……

到了晚上，王阿姨跳舞回来，洗漱完毕，陈伯伯还没开口，王阿姨自我检讨起来："老陈啊，你先别说我今天玩手机用了多长时间，我感受了一下，好像确实有种离不开手机的感觉，我是学医的，你不用说我都懂，久坐不动对健康确实不好，眼睛出问题，有自然老化的原因，但看手机肯定是最主要的诱因。咱俩从明天开始，做个好的健身计划。"

"婷婷他们俩都是独生子女，四个老人、两个孩子都要他们操心，工作那么忙还要去学习进修，每个月要还房贷，还有两个孩子的各种辅导班的费用，我们帮不上什么忙，也尽量别给孩子添乱。我有一次在手机上看到说，中年人的幸福取决于爹妈的身体和孩子的成绩，我们把身体照顾好，能够尽量自理，就是帮孩子们的忙了。"

"手机呢，确实是个好东西，咱们这一年，从没有手机、不会玩手机，到现在生活中的问题基本上都能用手机解决了。但是我们的终极目的不是会玩手机，而是让咱们老年生活更美好。"

"老陈，你说呢？"王阿姨说完了，笑眯眯地看着老伴。

陈伯伯拿着手中默默记录了一天的时间表，"这里外都是你的道理啊，台词都让你说完了，我还说啥呀？老伴的意见，坚决拥护执行呗！"

图书在版编目（CIP）数据

老了不求人：智能手机自学指南 / 张晓杨 著；黄山 插图 . — 北京：
东方出版社，2021.4

ISBN 978-7-5207-2092-2

I.①老… II.①张… ②黄… III.①移动电话机 – 中老年读物
IV.① TN929.53 – 49

中国版本图书馆 CIP 数据核字（2021）第 040438 号

老了不求人
（LAO LE BU QIU REN）
——智能手机自学指南

作　　者：张晓杨 著　黄 山 插图

责任编辑：薛　晴

文字编辑：薛　晨

责任校对：张红霞

图文设计：汪　莹　彭小艳

视频制作：薛　晨

图片整理：李静超　郭文臣

出　　版：东方出版社

发　　行：人民东方出版传媒有限公司

地　　址：北京市西城区北三环中路 6 号

邮政编码：100120

印　　刷：北京尚唐印刷包装有限公司

版　　次：2021 年 4 月第 1 版

印　　次：2021 年 4 月北京第 1 次印刷

开　　本：710 毫米 ×1000 毫米　1/16

印　　张：16

字　　数：170 千字

书　　号：ISBN 978 - 7 - 5207 - 2092 - 2

定　　价：38.00 元

发行电话：（010）85924663　85924644　85924641